미래식량
곤충을 먹다

영양 가득한 **친환경 슈퍼푸드** 식용곤충

미래식량

곤충을 먹다

INSECT : FUTURE FOOD

김일석·최윤상·황재삼

경상국립대학교출판부

저자의 말

지금 우리 사회에서 식용곤충 산업은 환경적, 영양학적, 사회·경제적 가치 측면에서 그 중요성이 나날이 강조되고 있습니다. 과거의 곤충이 갖는 편견을 뛰어넘고 새로운 가능성을 찾는 과정에서 우리들은 식용곤충이 다양한 영역에서 매우 중요한 역할을 하고 있다는 것을 새삼 깨닫게 되었습니다.

이제 여러분들을 『미래식량 곤충을 먹다』의 세계로 초대합니다. 이 책에서는 식용곤충을 더는 더럽고 징그러운 혐오의 대상으로 보지 않고, 오히려 식품 산업에서부터 바이오 의약용 소재 산업까지 그 영역을 더욱 확장해 나가는 "라이징 스타"의 주역으로서 소개하고 있습니다. 이를 위해 저자들은 식용곤충과 관련된 기초 정보와 전문 지식을 두루 담고자 나름 노력했습니다.

이 책은 모두 4편으로 구성되어 있으며 각 장에서는 다양한 측면에서 식용곤충의 가치를 포괄적으로 다루고 있습니다. 제1편에서는 식용곤충에 대한 막연한 불안감과 궁금증을 해소하기 위해 식용곤충의 안전성과 그 효능 등을 집중적으로 기술했습니다. 제2편에서는 곤충을 이용한 의료용 및 식품소재 개발과 그 전망에 대해서 살펴보았으며, 제3편에서는 푸드테크에서의 식용곤충 활용과 미래, 대체 식품으로서의 식용곤충의 기능성 소재 신기술 개발 그리고 신시장 창출을 위한 기술 동향과 미래 시장 전망을 다루고 있습니다. 제4편에서는 식용곤충을 이용한 메뉴 개발과 대중화 방안에 대해 기술했습니다. 이처럼 『미래식량 곤충을 먹다』는 식용곤충에 대한 기초적 지식에서부터 현재의 연구 동향과 미래 전망까지 두루 살펴보았기에 곤충 산업에 관심을 갖고 계시는 일반인은 물론 산업계 종사자, 연구자, 정책 입안자, 그리고 곤충 창업을 꿈꾸는 대학생 등을 위한 자료로 활용되길 바랍니다.

『미래식량 곤충을 먹다』를 쓰면서 느낀 것 중 하나는 이 책의 지식과 내용을 구성하는 모든 정보는 그간 산·학·관·연에서 노력하신 분들의 기여 없이는 불가능한 일이었다는 것입니다. 특히 대한민국 곤충 산업의 연구 기반을 구축하고 발전시킨 농촌진흥청 곤충 연구자분들께 감사드립니다. 또한 본 책자가 경상국립대학교 출판지원도서사업으로 출간될 수 있도록 배려해 주신 분들께도 깊은 고마움을 표합니다.

저자들은 이 책이 곤충 산업계의 지침서로 활용되고 나아가 대한민국 식용곤충 산업의 현재와 미래의 발전에 조금이라도 기여될 수 있기를 기대하지만 여러 가지 면에서 부족한 점이 많습니다. 독자 여러분들의 많은 지도 편달과 이해를 바랄 뿐입니다. 감사합니다.

2024년 여름에

저자 일동

목차

식용곤충은 안전한가 59

더 알고 싶은, 곤충 Q&A 79

제1편

먹는 곤충

겉모습만 보고 판단하지 말라

영양과 건강을 담은 식용곤충의 놀라운 매력

●●● 건강 지향적 식품, 식용곤충

쿠키, 초콜릿, 소시지, 순대, 떡갈비, 햄버거, 누룽지, 선식, 양갱, 시리얼, 식빵, 파스타, 뻥튀기…. 이들 제품의 공통점은 뭘까? 바로 곤충이다. 그동안 막연하게 싫어하거나 낯설어하던 식용곤충은 실상 어떤 식품과도 잘 어울리는 식재료다. 먼저 농촌진흥청에서 곤충 요리 개발과 대국민 홍보에 적극적으로 앞장서고 있지만, 경남 지역에서도 경상남도 농업기술원과 경남곤충산학연협력단이 주축이 돼 47종의 곤충 요리 레시피를 개발해 식용곤충 대중화를 위한 노력을 기울여 왔다. 최근 고소애 애벌레로 키워 낸 동충하초 분말이 함유된 어묵·돈가스·탕수육 등이 학교 급식용으로 공급되는 등 소비처도 확대되고 있다. 이는 소비자들이 식용 곤충을 식품으로서 가치 있게 받아들이고 있다는 단적인 예다.

식용곤충이 주목을 받는 이유는 '건강 지향적 식품'이기 때문이다. 그 근거를 학술 논문에 발표된 내용을 토대로 제시하면 다음과 같다. 첫째, 식용곤충은 영양학적 측면에서 단백질 함량이 매우 높다. 식용곤충에는 건전한 면역 유지에 필요한 영양소인 단백질이 건조물 100g 기준 50~60g으로 풍부해 콩·육류·계란·어류와 비교해도 손색이 없다. 영양 만점의 '단백질 덩어리'인 까닭에 기존의 동물성 단백질을 대체할 유망 품목으로 곤충 식품이 새로운 건강식품 산업군으로 각광 받고 있다. 둘째, 식용곤충에는 인체에 유용한 생리 활성 물질이 들어 있다. 최근 학계를 중심으로 식·의약품 소재물로서의 가치·기능이 속속 밝혀지고 있다.

건강 기능 식품의 기능성은 의약품처럼 질병을 직접 치료·예방하는 것이 아니라, 인체의 정상적인 기능을 유지하거나 생리 기능을 활성화해 건강을 유지·개선하는 것을 말하는데 질병 발생 위험 감소 기능, 생리 활성 기능, 영양소 기능이 있다. 곤충에서는 '영양소 기능'을 포함한 건강 기능 식품 구성 요건에 부합하는 항산화·항균·항고혈압·항염증·항비만·항당뇨·면역력 개선 등 다양한 생리 활성이 확인되고 있다. 이에 기초해 식용곤충은 건강 증진과 질병 예방에 도움을 줄 수 있는 새로운 건강 기능성 소재물로 조만간 인정받게 될 것으로 기대된다.

이쯤에서 희망 섞인 유쾌한 상상을 해 본다. 이번 주말에 건강과 영양을 동시에 생각하면서 별미로 먹어 볼 곤충식품은 없을까? 메뚜기두부장조림, 고소애단호박죽, 누에번데기탕수육, 귀뚜라미유부떡구이…. 추천 메뉴가 너무나도 많다. 식용곤충을 활용한 다양한 요리 레시피는 제4편을 참조하면 된다. 어쨌거나 온 가족이 둘러앉은 식탁에 건강 지향 곤충 식품이 차려질 날도 머지않았다. 그리되길 희망한다.

식·약용 곤충, 나는 누굴까요?

[퀴즈 1]

예로부터 굼벵이라고 불렸던 녀석으로, 이름이 조금 궁상맞다고 해서 국민 공모를 통해 법적으로 '꽃벵이'라는 이름을 새로 얻었다. 2016년 12월 식품의약품안전처로부터 식품공전에 일반 식품 원료로 등록돼 지금은 누구나 식품 제조·가공·조리에 사용할 수 있다. 동의보감에는 간 관련 질환, 중풍 등 성인병 치료에 효과가 있다고 기록됐을 만큼 오래전부터 약재로 쓰였다. 최근 연구에 의하면 단백질 함량이 57.9%(건량 기준)로 높고, 혈압 강하에 영향을 끼치는 '올레산'이 전체 지방산 중 60% 이상을 차지한다. 치료제 측면에서는 '인돌 알칼로이드(indole alkaloid)'로 혈전 치유, 혈행 개선 효과도 밝혀졌다. 또한 간 질환 예방과 함께 면역학적으로는 간의 실질세포·비장세포 조직 손상·섬유화에 관계되는 'TNF-α'와 'TGF-β' 생산 억제를 통해 간 손상을 보호하는 기능도 있다. 이외에도 당뇨병 치료와 생리 활성 효과도 우수하다고 보고된다.

[퀴즈 2]

고소한 맛도 일품이지만 단백질·불포화 지방산 함량이 높아 영양적 가치와 그 조성이 우수한 녀석이다. 환자의 영양 상태 개선과 면역력 향상에 도움을 주는 고령 친화적 식품으로 인정받고 있다. 그 효능은 병원식, 영양 상태와 면역 효과에 대한 임상 영양 연구에서 학술적으로 밝혀졌다. 연구에 따르면 기존 환자식보다 평균 열량은 1.4배, 단백질량은 1.5배 높아 섭취 환자에게서 근육량 3.7%, 제지방량 4.8%가 증가했다. 건강한 세포막 상태를 반영하는 '위상각' 변화량도 2.4% 높았으며, 면역세포 중 '자연살해세포'와 '세포독성 T 세포' 활성도 역시 각각 16.9%, 7.5% 늘어났다.

[퀴즈 3]

곤충은 단백질 함량이 높고 필수 아미노산의 조성도 우수하여 육류를 대체할 수 있는 우수한 단백질 식품이다. 게다가 몸에 좋은 불포화 지방산도 풍부할 뿐만 아니라 키틴질로부터 유래된 식이성 섬유, 칼슘, 철, 비타민과 같은 영양소가 함유되어 영양적 가치가 높다. 최근에는 곤충을 활용한 식품 및 약용 소재화 기술이 활발하게 연구되어 기능성과 효능이 계속해서 밝혀지고 있다. 현재 우리나라에서 법적으로 허용된 식용곤충은 10종이 있다. 이들은 누굴까?

[정답] : 첫 번째 퀴즈 정답은 흰점박이꽃무지 유충(꽃벵이), 두 번째 퀴즈의 주인공은 갈색거저리 유충(고소애)이다. 이들 식·약용 곤충은 영양학적 유용성과 함께 조만간 면역 기능에 도움을 주는 건강 기능 식품으로 인정을 받으리라 예견된다. 현재 법적으로 허용된 식용곤충은 ▲메뚜기 ▲백강잠 ▲식용누에(유충, 번데기) ▲갈색거저리 유충 ▲흰점박이꽃무지 유충 ▲장수풍뎅이 유충 ▲쌍별귀뚜라미 ▲아메리카 왕거저리 애벌레(탈

지 분말) ▲수벌 번데기 ▲ 풀무치 등 10종이다. 모쪼록 건강 증진을 위해서 영양 만점의 식·약용 곤충을 애용하고, 이를 통해 대한민국 식용곤충 산업도 한층 발전하기를 기대한다.

●●● '고소애 추출물' 근 감소 억제 효과

최근 고령 인구 증가로 인해 근감소증(sarcopenia)에 대한 관심이 증가하고 있다. 근감소증은 근섬유의 수 및 단면적의 감소로 인해 근 위축과 골격근의 근육량이 줄어드는 상태를 의미하며, 이로 인해 근육량의 감소와 함께 근력 약화 또는 신체 기능 저하가 발생할 수 있다. 또한 골다공증과 더불어 낙상에 의한 골절의 주요한 위험 요인일 뿐 아니라, 치매, 당뇨병, 심혈관 질환을 유발할 수 있다. 미국질병통제예방센터(CDC)는 2016년에 근감소증에 대한 질병코드를 처음으로 부여했고, 우리나라에서도 2021년에 표준질병사인분류(KCD) 개정안에서 근감소증에 대한 질병코드(M63.84)로 등재됨에 따라 근감소증이 공식적으로 질병으로 인정되면서 국내외 학자뿐 아니라 일반인들도 그 예방 및 관리 방법에 대해 많은 관심을 보이고 있다. 이에 따라 관련 연구가 진행되고 있지만 현재 근감소증에 대한 효과적인 치료제가 없어서 다양한 천연물이나 제제의 개발 등이 필요한 실정이다.

농촌진흥청 연구진은 고소애 유래 단백질의 근력 강화 효능을 밝히기 위해 근육세포 분화와 근감소증 관련 지표를 분석한 연구를 수행했다.

근육은 근육세포의 분화 과정을 통해 형성되며, 이 과정은 특정 유전자와 단백질에 의해 조절된다. 연구 결과에 따르면, 고소애 추출물을 근육세포에 처리하면 근육 분화 촉진 지표인 myogenin의 발현량이 약 60% 증가했다. 또한, 근 위축과 근 감소가 있는 근육세포에 고소애 추출물을 처리한 결과, 근 위축 관여 지표인 Atrogine-1의 발현량이 약 36% 줄어들었다. 이번 연구는 고소애가 근감소증 개선에 활용될 수 있는 과학적 기초자료를 확보한 데 의의가 있다. 이러한 연구 결과를 토대로 고소애를 활용한 근감소증 치료제 개발이나 천연물 기반의 근력 강화 방법 등이 심층적으로 연구되고 실제 상품화 단계로 발전될 수 있을 것으로 보인다.

항암 환자 단백질 섭취율 20% 증가시킨 고소애

항암 치료를 받는 환자들은 항암제로 인해 암세포뿐만 아니라 건강한 세포에도 손상을 입을 수 있어 충분한 영양 섭취가 필요하다. 또한, 항암 치료 중에는 식욕 부진, 오심, 구토 등의 부작용으로 인해 영양 섭취가 어려워지는 경우가 많다. 이런 상황에서는 충분한 열량과 단백질 섭취가 중요하며, 이를 통해 세포 재생을 돕고 항암 치료 성공률을 높일 수 있다.

농촌진흥청과 강남세브란스병원의 연구 결과에 따르면, 고소애를 항암 치료 중인 췌담도암/간암 환자들이 8주간 섭취한 결과, 단백질 섭취율이 대조군에 비해 약 20% 증가하는 것으로 확인됐다. 연구는 췌담도암/간암 환자 44명을 대상으로 고소애 셰이크 섭취 여부에 따른 영양지표 및 치료 순응도를 분석한 것이다. 고소애 셰이크는 제형과 맛을 개선하여 환자들의 섭취 순응도를 높이기 위해 셰이크 형태로 개발되었으며, 하루에 1포(30g)를 섭취하면 약 13g의 단백질을 보충할 수 있도록 설계되었다. 고소애 셰이크 섭취 군과 대조군인 곡물 셰이크 섭취 군을 비교한 결과, 고소애 셰이크 섭취 군은 평균 열량 섭취율과 단백질 섭취율이 대조군보다 높게 나타났다. 특히 단백질 섭취율은 고소애 셰이크 섭취 군이 대조군보다 20% 높았다.

농촌진흥청은 연구 결과를 통해 고소애가 적은 양으로도 단백질과 불포화 지방산 등 필요 영양 성분을 충분히 공급해 환자의 회복과 영양지표 개선은 물론 항암제 부작용 경감에 효과가 있음을 확인한 것이라고 설명했다. 한편 세브란스병원 박준성 교수는 "항암 치료 중인 환자들이 고소애를 섭취함으로써 영양지표가 개선되고 항암제 부작용인 백혈구 저하가 줄어드는 것을 확인했다"라며, "고소애 섭취에 따른 부작용 또한

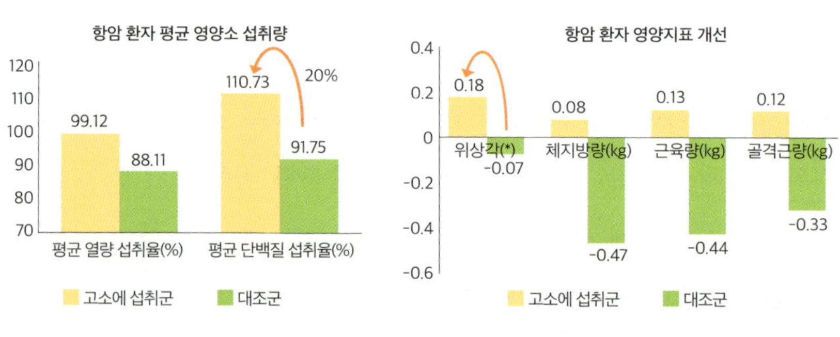

<그림 1-1> 고소애의 기능성 효과(출처: 농촌진흥청)

나타나지 않아 항암이 중단된 예는 없었다"라고 말했다.

곤충을 활용한 항암 치료 및 영양 보충에 대한 연구는 매우 유망한 분야로 여겨진다. 앞으로 고소애뿐만 아니라 다양한 식용곤충을 대상으로 한 연구와 임상실험이 진행되어, 항암 치료 중인 환자들에게 더 효과적인 치료 옵션으로써 식용곤충을 제공하는 날이 올 것이라 믿는다.

●●● 나? 단백질!

흔히들 '영양과잉'의 시대라고들 하지만 국민영양조사에 의하면 면역력이 떨어져 질병에 취약할 수도 있는 우리나라 노인 2명 중 1명은 하루 권장량만큼의 단백질을 섭취하지 못하고 있다. 가장 쉽게 단백질을 섭취하는 방법은 고단백의 식품을 일상식으로 먹는 것이다.

오래전부터 알려진 양질의 동물성 단백질 식품에는 고기와 우유, 계란, 생선 등이 있다. 여기에 더해 최근 미래 식량과 이색적인 고급 식재료로써 그 가치를 인정받고 있는 새로운 '단백질 덩어리'가 점차 각광을 받고 있다. 미리 귀띔을 하자면 그 주인공이 바로 '나'다.

인간이 살아가는 데 필요한 기본 영양소는 단백질, 탄수화물, 지방이다. 여기에 비타민과 무기질을 보태 '5대 영양소'라 부른다. 건강한 삶을 위해서는 생명체 기본 구성 물질인 이들 영양소의 균형 잡힌 섭취가 반드시 필요하다. 자칫 영양 불균형이나 특정 영양소가 부족할 경우 인체 면역시스템이 대응하기 어려워 질병에 걸릴 확률도 그만큼 높아진다.

건전한 면역 유지에 필요한 영양소 중에서도 단백질의 중요성은 그 기능성 면에서 꾸준히 강조되고 있다. 무엇보다 단백질은 질병을 일으키는 바이러스에 맞서 싸우는 면역시스템의 중추적 역할을 하는 항체를 구성하는 재료로 쓰이며, 이외에도 백혈구 등을 구성하는 기능을 가져 면역력 향상에 도움을 준다. 한마디로 면역세포 성분인 단백질은 생명 현상의 유지를 위한 모든 구조에 관여하는 주성분으로서, 우리 몸에 반드시 필요하기 때문에 꼭 섭취를 해야만 하는 필수 영양소인 것이다.

막상 글의 제목을 '나? 단백질!'이라고 적고 보니 살짝 도발적인 느낌도 없지 않아 있지만 여하간에 '나'는 인간들이 섭취하는 지구상 어느 동물성 식품과 견줘도 단백질량에서만큼은 절대 뒤지지 않을 자신이 있다. 단언컨대, '나=단백질'이라 해도 크게 틀린 말은 아니다. 무슨 믿는 구석이 있기에 이리도 잘난 체하며 우쭐거릴까. 자, '나'는 도대체 누굴까?

이미 다들 눈치채셨겠지만 나는 다름 아닌 '식용곤충'이다. 현재 식용곤충은 전래적으로 섭취했던 3종과 농촌진흥청에서 식용 근거를 과학적으로 규명하고 식품의약품안전처에서 안전성 평가를 거쳐 식품 원료로 인정한 것을 포함해 모두 10종이 있다. 그중에서도 '고소애(갈색거저리 유충)'와 예로부터 굼벵이라고 불려 왔던 '꽃벵이(흰점박이꽃무지 유충)'는 단백질의 보고라 할 만하다. 식·약용으로 널리 쓰이는 이들 꽃벵이와 고소애는 건조 분말 기준으로 단백질 함량이 각각 57.8%, 53%에 이르기 때문이다. 이는 난류 8.5~14.4%, 육류 15.2~34.7%, 어류 10.4~47.7%와 비교했을 때 상당히 높은 수준이다. 식용 벼메뚜기에는 무려 건물 100g에 67.8g이나 들어 있다.

지금 건강을 최우선으로 챙겨야 훗날 꽃놀이도 제대로 즐길 수 있다. 코로나19는 지나갔지만, 정부는 여전히 신종 코로나바이러스 감염증이 당분간 지속될 것으로 보고 방역 및 의료체계를 강화하고 있다. 어쨌든 개인의 건강 관리에서 가장 중요한 것은 면역강화로 요약된다. 인체의 면역력을 높이는 한 방법으로 양질의 단백질 섭취가 권장되는 바, 필자는 동물성 식품 과학자로서 '단백질 덩어리'인 곤충 식품을 적극적으로 추천한다.

●●● 곤충 단백질, 체중 조절에 유리하고 나쁜 콜레스테롤도 조절?

곤충 단백질이 주요 단백질 공급원인 유제품보다 비만 환자의 체중 관리에 유리할 수 있다는 보고가 있다. 미국 일리노이대 연구팀(Yifei Kang 등, 2023)은 식용곤충인 갈색거저리와 유제품 식단이 비만 쥐의 신체에 미치는 영향을 조사했다. 연구 결과에 따르면, 곤충 단백질을 포함한 식단은 비만 쥐의 체중 조절을 돕는 것으로 나타났고, 또한 혈관 건강에 해로운 나쁜 콜레스테롤인 저밀도 지방단백질(LDL) 수치를 조절하는 데도 도움이 된다고 했다. 곤충 단백질이 체중과 콜레스테롤 조절에 유리한 영향을 미치는 이유는 곤충 단백질에 함유된 키틴 성분이 나쁜 콜레스테롤인 LDL 수치를 낮추는 데 도움이 되기 때문이다. 키틴은 곤충의 외골격을 형성하는 주요 성분으로, 이 성분이 체내 미생물 활동을 자극하여 혈관 건강을 개선하는 역할을 한다.

이 연구 결과는 식용곤충이 식이 조절 및 건강 관리 전략 개발 등에 활용될 수 있다는 새로운 가능성을 제시하고 있다. 곤충 단백질이 체중 관리와 콜레스테롤 조절에 유리한 영향을 미친다는 사실을 고려하면, 향후 비만 환자나 혈관 건강 관리가 필요한 사람들을 위한 적절한 식사나 영양 계획을 수립할 때 식용곤충을 활용할 수 있을 것으로 기대된다.

●●● 면역력 높이는 식·약용 곤충은?

코로나19로 인해 '춘래불사춘(春來不似春)'의 시기를 겪었다. 봄의 기운이 물씬 나는 시기에도 꽃구경으로 마음이 들뜨기보다는 서러운 봄날이 한동안 계속되었던 것이다. 이제는 이 지루하고 지긋지긋한 상황에서 벗어나 정상적인 일상을 되찾았다. 그러함에도 병원이나 약국에서는 여전히 마스크를 착용해야 하는 불편이 있고, 안전한 생활을 위해 일부 바깥 활동을 자제하는 분위기도 있다. 최근 언론에서는 현재의 라이프 스타일을 반영한 듯 면역력을 강화하기 위한 다양한 영양소와 식품에 대한 정보와 조언을 많이 제공하고 있다. 이는 코로나 이후 소비자들의 면역력에 대한 높은 관심사를 반영한 것이지 싶다.

법적으로 건강 기능 식품은 '면역 기능 개선에 도움을 줄 수 있음'에 해당된다. 면역(immunology)은 체내에 존재하는 자기방어 체계로서 인체가 외부로부터 침입해 오는 각종 물질이나 생명체를 자기 자신에 대한 이물질로 인식해 제거하고 대사하는 과정으로 생체방어 능력을 증가시킨다는 측면에서 보건학적인 중요성을 갖는다. 어쨌든 면역력 저하는 모든 질병의 발생 가능성을 높이고 질병의 치유 과정을 더디게 한다. 또한 불량한 영양 섭취는 면역 능력 감소, 신체 활동 능력 감소, 이환율 증가 등 건강 위험의 증가와 관련성이 있다. 따라서 면역력 증진과 영양소 섭취는 질병 예방과 건강 관리 차원에서 중요하다. 이 두 가지를 고려해 영양소와 면역력 강화 측면에서 식품의약품안전처가 인정한 식용곤충인 '고소애(갈색거저리 유충)'는 과학적인 이유로 마땅히 권장할 만한 식품이라고 할 수 있다.

고소애는 고소한 맛도 일품이지만 몸에 좋은 단백질과 불포화 지방산 함량이 높아 영양적 가치가 우수하고 영양적 조성도 훌륭하다. 특별히 고소애는 환자의 영양 상태 개선과 면역력 향상에 도움을 주는 고령친화적 식품이다. 그 효능은 농촌진흥청과 강남세브란스병원에서 실시한 고소애를 활용한 병원식, 영양 상태와 면역 효과에 대한 임상 영양 연구에서 학술적으로 밝혀졌다. 연구 결과에 따르면 고소애를 먹은 환자는 기존 환자식을 먹은 환자보다 평균 열량은 1.4배, 단백질량은 1.5배 가량 높았고, 근육량은 3.7%, 제지방량은 4.8%가 각각 증가했다. 영양지표의 하나인 건강한 세포막의 상태를 반영하는 '위상각' 변화량도 2.4% 높았으며, 면역세포 가운데 '자연살해세포'와 '세포독성 T 세포' 활성도 역시 각각 16.9%, 7.5% 늘어났다. 이러한 연구 결과들을 바탕으로 조만간 '생리 활성 기능성' 분야에서 면역 기능에 도움을 주는 건강 기능 식품으로 인정을 받게 될 것으로 기대된다.

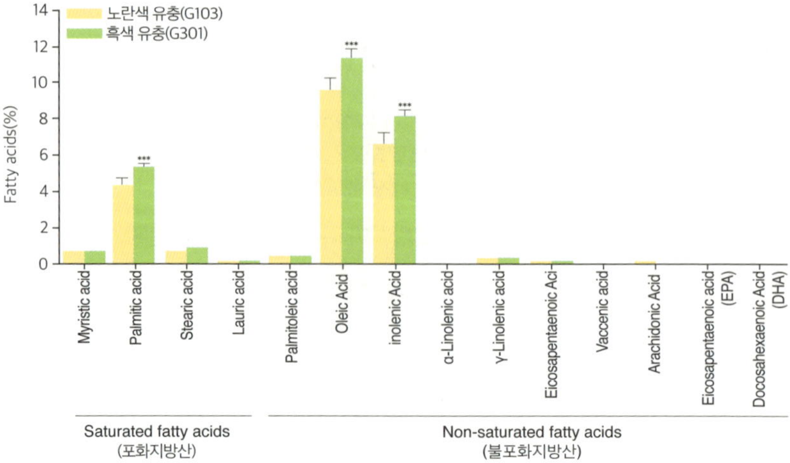

<그림 1-2> 흑색 애벌레와 노란색 애벌레의 지방산 함량 비교(출처: 농촌진흥청)

<그림 1-3> 일반 고소애와 탈피 껍질(A, C), 검정고소애와 탈피 껍질(B, D)(출처: Song 등, 2020)

이참에 2015년 메르스나 최근 코로나19와 같은 감염증을 빙자해 건강 기능 식품이나 일반 식품을 질병의 치료 또는 의약품으로 오인하게 하는 허위·과대광고에 소비자들이 현혹돼 가짜 식품을 구매하는 일이 없도록 주의할 것을 당부한다. 건강 기능 식품 기능성 원료는 면역 기능 증진과 과민 면역 반응으로 나뉘는데 이들의 기능성 원료 현황은 식약처를 통해 확인할 수 있다.

곤충 산업은 이제 막 걸음마를 떼고 도약을 준비 중이지만, 뜻하지 않은 코로나19의 여파로 인해 지금까지도 큰 어려움을 겪고 있다. 모쪼록 안전성이 확보된 영양 만점의 면역 식품인 곤충식품을 애용해 건강을 챙기는 것과 더불어 대한민국 곤충 산업계에도 듬뿍 힘을 실어 줬으면 좋겠다.

●●● "검정고소애" 들어 보셨나요?

"검정고소애"의 효능에 대해서는 2023년 8월 28일 농촌진흥청 보도 자료를 통하여 비로소 밝혀졌으니 아마 "검정고소애"의 존재를 알고 있는 분들은 그리 많지 않을 것 같다. 농촌진흥청은 충북농업기술원과 함께 형태 분석, 분자 진단, 발육 특성 비교 등으로 검은색 애벌레가 기존 애벌레와 같은 종임을 확인하고, 선택적 육종으로 검은색 형질을 고정한 새로운 계통인 "검정고소애"를 개발하고 보급에 나섰다.

검정고소애의 영양 성분을 보면, 단백질 함량은 기존 고소애와 비슷하나 올레산(oleic acid), 리놀레산(Linoleic acid) 등 불포화 지방산의 함량은 약 1.2배 높다.

●●● 추억 속의 간식 메뚜기, 이젠 건강에 좋은 식·약용 식품

식용곤충의 역사는 깊다. 성경 레위기 11장 22절에는 메뚜기, 방아깨비, 귀뚜라미 등을 먹어도 된다는 구절이 나온다. 성경에 먹을 수 있는 곤충으로 명시된 것 가운데 하나가 지금 얘기하고자 하는 바로 그 메뚜기라니 이 사실이 그저 신기할 뿐이다. 성경 구절이나 다른 문화의 식습관을 고려할 때, 식용곤충은 오랜 역사를 가진 인류의 식사 습관 중 한 부분으로 이러한 전통은 현대에도 일부 지역과 문화에서 이어지고 있다.

옛날 옛적 할아버지와 할머니 세대에서는 메뚜기와 개구리를 잡아먹었다는 얘기를 한 번쯤은 들어 보셨을 테다. 심지어 어떤 어르신은 잠자리도 잡아서 날개는 떼다 버리고 된장을 듬뿍 발라 호박잎에 싸서 드셨다는 무용담(!)도 늘어놓으셨다. 실제 필자도 어렸을 때에 메뚜기 튀김이나 개구리 뒷다리를 맛있게(?) 먹었던 기억, 아니 추억을 갖고 있다. 먹거리가 턱없이 부족한 시대에 주식은 아니더라도 별미 간식으로 먹었던 명불허전의 그 메뚜기가 지금은 대한민국에서 인정한 식용곤충 10종 중 하나로 어엿하게 자리매김하고 있다. 그렇지니 개구리는 몰라도 메뚜기만큼은 단백질이 풍부하고 건강에 좋은 영양 조성도 좋기 때문에 부디 동네방네 소문 많이 내시고 또한 심심풀이 땅콩 같은 간식이든 특별식으로든 많이 섭취하셨으면 좋겠다.

벼메뚜기는 앞서 언급한 대로 예로부터 영양 간식으로 즐겨 먹던 식용곤충이다. 『동의보감』에서는 감기, 소아 경기, 허약 체질, 파상풍, 백일해,

해수(咳嗽) 등에 좋다고 기록돼 있을 정도로 약성도 좋다. 최근 연구에 따르면 탁월한 영양 성분과 함께 약효는 물론 그 기능성들도 크게 주목을 받고 있다. 벼메뚜기의 영양 성분을 갈색거저리(고소애), 쌍별귀뚜라미(쌍별이), 흰점박이꽃무지(꽃벵이), 장수풍뎅이(장수애)와 비교한 결과 이들 5종의 식용 곤충 중 단백질 함량이 가장 높았다. 이런 사실을 아는 이가 몇 명이나 있겠나. 정말 의외였다. 100g당 67.8g이 들어 있으니, 얘네를 일러 '단백질 덩어리'라 해도 무방하겠다.

〈표 1-1〉 벼메뚜기의 영양 성분 단위: g/100g

	갈색거저리 (고소애)	쌍별귀뚜라미 (쌍별이)	흰점박이꽃무지 (꽃벵이)	장수풍뎅이 (장수애)	벼메뚜기
수분	0.3	2.4	1.6	1.6	8.7
단백질	51.4	64.4	54.1	39.3	67.8
지방	30.4	14.4	18.5	25.2	2.8
탄수화물	14.4	13.3	20.0	28.6	16.7

출처: 농촌진흥청

어디 그뿐이랴. 단백질도 많지만, 그 기능성도 눈여겨볼 만하다. ICR 마우스에서 메뚜기 분말 섭취와 지속적인 유산소 운동 훈련 여부에 따른 에너지 대사 증가에 미치는 영향을 관찰한 결과(류승필, 2016), AMPK 단백질 발현은 분말 섭취 및 운동 훈련에 의해 유의적으로 증가했다($p<0.05$). 몸속 열량 조절에 관여하는 단백질인 AMPK(AMP-activated protein kinase)가 활성화되면 수명이 늘어난다. 음식을 통한 열량(에너지)을 과잉 섭취하고 운동이 부족하면 비만 및 대사 이상을 유발할 수 있다. 그런데 메뚜기 분말 섭취와 지속적인 운동 훈련은 메뚜기에 포함된 풍부한 영양소로 인해

대사 이상을 예방하고 개선하는 데 긍정적인 영향을 미친다.

한국원자력연구원에서는 메뚜기에서 항암 면역 효과를 확인했다. 벼메뚜기 유래 단백질 추출물에 대하여 세포 내 독성 평가를 통한 안전성 확인 및 수지상 세포성숙/T 세포활성도 평가를 통한 항암 면역 효과를 밝혔으며, 세포 및 동물 모델 검증을 완료하여 2023년에 특허등록(1025616830000)을 마쳤다. 연구팀은 아스코르빈산 추출법으로 추출한 유효 성분은 동물 실험 결과 기존 방식으로 얻어진 추출물보다 더 효과적으로 비장 내 T세포와 수지상세포의 활성을 유도한다는 점을 밝혔다. 이를 통해 암과 세포 내 병원체에 대한 방어 효과가 나타나 종양이 감소하는 것까지 확인함으로써 천연물 항암 면역 증진 원료로서의 가능성을 입증했다.

한편 벼메뚜기(Oxya chinensis sinuosa)로부터 분리된 화합물이 항혈전에 효과가 있다는 연구도 있다. 메뚜기 분리 화합물은 HUVEC(인간 제대정맥혈관내피세포, primary human umbilical vein endothelial cells)에서 FXa(활성화된 응고인자, activated coagulation factor X)의 억제를 통해 혈액 응고 경로를 억제하고, 생체 내외에서 혈소판 응집을 억제하는 작용이 있다. 혈액 응고는 심혈관 질환, 뇌졸중 및 혈전 관련 질환의 원인 중 하나일 수 있다. 특허(10-1811588)는 이러한 혈액 응고와 관련된 혈관 질환의 치료 또는 예방을 위한 약학적 조성물 또는 건강 기능 식품으로서 메뚜기 분리 화합물이 유용하게 사용될 수 있음을 보여 준다.

이제 '메뚜기 이야기'를 마치면서 그들에게 고마움을 표한다. 성경에까지 언급된 귀중한 메뚜기가 필자에게 어릴 적 메뚜기 잡아 구워 먹었

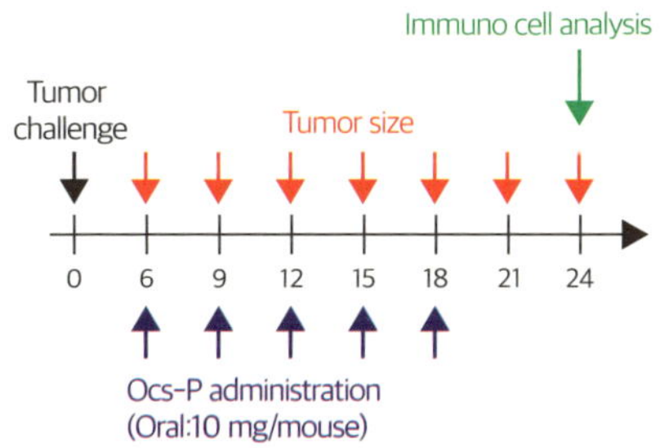

(a)

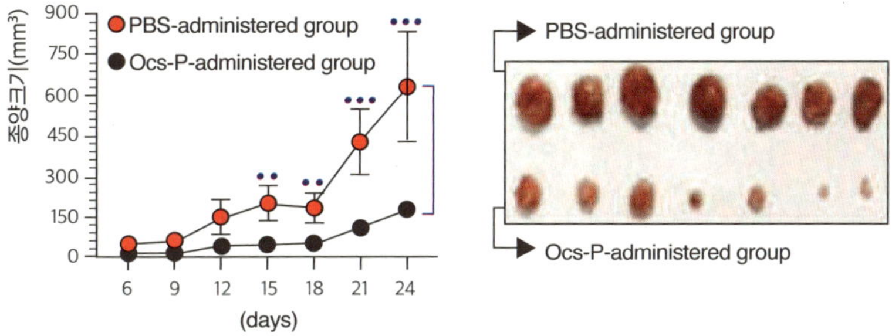

(b)

<그림 1-4> CT26 종양 모델 마우스에서 벼메뚜기 추출물에 의해 유도되는 암세포 억제 및 수지상 세포활성능 평가 결과[(a), (b)는 PBS 투여군과 벼메뚜기 추출물 투여군의 종양 크기를 비교한 것(출처: 특허등록 1025616830000)

던 추억을 되살려 주었을 뿐만 아니라 식량이 부족했던 시기에 우리 선조들에게 소중한 단백질과 영양소를 제공했던 점에 대해서 말이다. 지금은 그 옛날에 비해 식량 사정이 좋아지고 식품 안전 등의 이유로 개구리는 아예 잡아먹지 않지만 드물게 메뚜기를 섭취하는 경우도 있다. 하지만 이제는 이 녀석들에게 대한 시각을 바꿔야 할 때다. 더는 추억 속의 메뚜기에만 머물지 말고 단백질이 풍부하고 건강에도 좋은 건강 지향적 식품으로 인식하고 새로운 식품으로써 많이 애용하기를 바란다.

번데기 앞에서 주름 잡지 마라, 번데기의 힘!

피부 미백과 주름 개선까지- 바로, 수벌 번데기

때는 2020년 7월 9일. 이날은 그동안 여왕벌과의 교미 목적으로 이용한 뒤 폐기 처분했던 '수벌 번데기'가 식용곤충으로 '부활'한 날이다. 수벌의 성충은 여왕벌보다는 작으나, 일벌보다는 2~3배의 체구를 가진다. 수벌은 유충기 3일간은 일벌이 공급하는 로열젤리를, 이후 4일간은 꿀과 화분을 먹이원으로 하며, 벌집이 밀납으로 봉해진 이후의 유충과 번데기 시기에는 먹이를 공급받지 않는다. 이러한 수벌 번데기의 특성을 잘 나타내면서 부르기 쉽고 기억하기 쉬운 이름을 농촌진흥청에서 공모했는데 식품 원료로 인정받은 수벌 번데기가 새롭게 얻은 애칭은 '꿀을 먹고 자란 번데기'라는 뜻을 담고 있는 "꿀데기"이다. 여왕벌과의 뜨거운 열정을 나누는 교미 외에는 아무런 역할이 없었는데 이제 신분이 확 달라진 것이다.

수벌 번데기의 영양 성분 분석 결과에 따르면, 수벌 번데기에는 3대 필수 영양소인 탄수화물, 지방, 단백질이 고르게 분포하고 있으며, 특히 단백질의 함량이 51.78%로 높다. Kim 등(2020)은 16~20일령기의 번데기 수벌을 동결 건조한 분말의 경우 수분 1.69%, 조단백질과 조지방이 각각 48.52%, 23.41%, 탄수화물 22%, 조회분 4%로 보고했다. 몇몇 보고에서 시료의 종류와 전처리 상태, 생산 시기의 밀원과 화분 종류, 일령에 따라 단백질 함량이 차이를 보였지만 결론적으로 수벌 번데기의 주요 구성 성분인 단백질은 약 50% 수준인 것으로 확인되었다.

<표 1-2> 수벌 번데기 영양 성분 함량(%)

수분	단백질	지방	탄수화물
2.14	51.78	26.19	15.89
74.23	11.05	8.19	5.60

출처: 농촌진흥청

수벌 번데기는 고단백 식품으로 3대 영양소도 고루 함유하고 있는 만큼 간식이나 가공식품, 성장기 청소년이나 노인(환자)식, 단백질 보충제 등의 원료로 사용될 수 있다. 수벌 번데기에는 높은 단백질 농도 이외에도 우수한 아미노산, 지방산 등의 조성으로 건강식을 비롯한 각종 식품 원료로써 매우 중요하게 이용될 수 있을 것이며, 항산화 효과 등을 이용한 건강 보조 식품으로의 가치도 기대되어(Kim 등, 2020), 향후 미래 식량자원으로 그 활용 가치가 높을 것으로 평가받고 있다.

수벌 번데기는 예로부터 중국에서 식용으로 사용했고 중국의 약학서 『신농본초경』에는 두통, 충독의 제거 등 생약으로 사용한 근거가 있으며, 『신농본초경』을 비롯한 『도경초본』, 『표녹이』 등에서 수벌의 약리 작용 및 영양적 가치를 평가한 사례가 있다. 우리나라에서는 2020년 수벌 번데기가 한시적 새로운 식품 원료로 인정된 이후 이에 대한 연구들이 활발하게 진행되고 있다. 먼저 국립농업과학원 연구팀(김 등, 2021)은 수벌 번데기를 대상으로 여러 기능성 식품 원료로서의 평가 마커들 중 간 건강 관련 기능성 평가 바이오마커의 하나인 ADH(알코올 탈수소효소) 활성을 알아보고자 수벌 번데기 70% 에탄올 추출물의 헥산 분획물과 물 분획물을 대

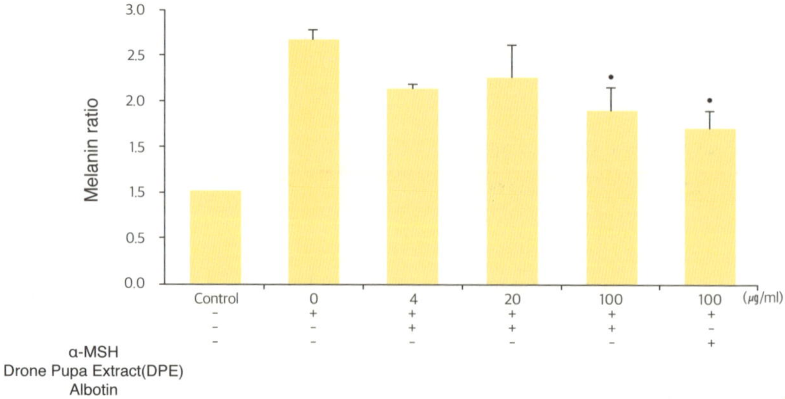

<그림 1-5> 수벌 번데기 추출물을 농도별로 처리하여 세포 내 생성되는 melanin의 양을 측정한 결과 피부 속 melanin 색소 생성을 억제하여 미백 효과가 있음을 확인했다(출처: Kim 등, 2020).

<그림 1-6> 수벌 번데기(좌)와 식용누에 유충 번데기(중·우)[출처: 농촌진흥청]

상으로 ADH 활성에 대한 분석을 실시했다. 이 연구를 통해 ADH 활성을 가진 수벌 번데기 추출물이 알코올 대사와 약제 대사에 도움을 줄 수 있는 것으로 나타났다. 이로써 간 대사 보조 기능을 갖는 식품 원료로서 수벌 번데기를 활용할 수 있는 기초자료가 확보되었다. 간은 우리 몸에서 중요한 기관 중 하나로 알코올 및 약물 대사와 관련된 역할을 한다. 따라서 이러한 연구 결과는 간 질환 예방 및 관리나 건강한 생활 유지를 위한 유용한 식품과 의약품 개발에도 활용될 수 있을 것이다.

한편 번데기 추출물의 주름 개선 및 미백 효과 구명에 관한 연구를 통하여 미용 제품 원료로의 가능성도 확인되었다(김 등, 2020). 결론적으로 시험 물질인 수벌 번데기 추출물은 collagen 생성을 증가시키고 collagen 분해 효소인 MMP1의 발현을 억제함으로써 주름 개선에 효과가 있으며, melanin 생성을 억제하여 피부 미백에도 효과가 있을 것으로 판단된다.

피부 개선 등에서도 효능을 인정받은- 식용누에 유충 번데기

누에 번데기는 천연물로서 부작용이 없으며, 성인병과 관련된 다양한 질환 치료에 유용하다는 사실이 입증되어 있어, 건강 보조 식품, 의약품, 그리고 화장품의 개발 등에 활용되고 있다. 또한 뛰어난 기능적 특성들로 인해 영양적 우수성 이외에도 자양 강화, 혈당 조절, 항암 효과, 노화 억제, 숙취 해소, 피부 보습, 그리고 주름 개선과 같은 다양한 영역에서 활용될 가능성이 더욱 높아지고 있다. 누에와 누에 번데기와 같은 곤충 식품의 활용도를 높이고자 Kim 등(2020)은 10년간(2009년~2019년) 발표된 곤충 식품들 중 누에와 누에 번데기의 생리 활성 연구 자료를 수집하여 혈청 지질 수준 개선에 대한 메타분석을 실시했다. 분석 결과 누에는 LDL-콜레스테롤, 혈중지질 및 혈당 개선에 효과적이었다. 누에 번데기의 경우 혈중지질과 총 콜레스테롤이 각각 0.991, 0.951로 큰 효과 크기였다. 실험 기간은 9주 이상(1.103)이 매우 큰 효과 크기, 섭취량은 5001 mg/kg 이상(0.855)이 큰 효과 크기를 보였다. 이러한 결과를 종합해 누에 번데기는 혈중지질과 총 콜레스테롤 개선에 효과적임을 보고했다.

여기서는 다양한 효능 가운데서도 피부 개선 등에 관한 내용 위주로 몇몇 연구 결과를 소개한다. 누에 번데기에는 건강에 좋은 오메가-3 지방산인 리놀렌산(linolenic acid)(ω-3 지방산), 리놀산(linoleic acid), 올레산(oleic acid) 등의 다가불포화 지방산이 다량 함유되어 있다. 일찍이 누에 번데기 유래 불포화 지방산을 이용한 기능성 효과에 대한 시험이 있었다. 강 등(2006)의 연구에서는 고지혈증 개선과 함께 피부 단백질인 콜라겐 생성 증가와 콜라겐 분해 효소 억제, 피부건조증 개선에 탁월한 효과가 있음을 밝혔다. 또한 근화제약(주)은 누에 번데기 유래의 불포화 지방산이 콜라겐 생합성 시험과 콜라게네이즈 억제능 시험을 통한 유효성 검증에서 콜라겐 생합성 증가, 콜라게네이즈 억제와 같이 주름 개선 효과와 피부 보습 효능이 있음을 확인하고 누에 번데기 기름을 유효 성분으로 함유하는 피부 개선용 화장료 조성물로도 사용 가능하다는 특허등록(10-0764928)를 마쳤다. 또한 권 등(2017)은 누에 번데기를 복합 균주 배양액을 이용하여 발효 추출한 후에 분리 및 정제하여 천연 기름을 얻고, 이를 동결 건조한 분말은 콜레스테롤 저하 등에 효능이 있고 아울러 주름 개선 효과와 피부 보습에도 효과가 있음을 확인(10-1738754)했다. 한편 권 등(2019)은 누에 번데기 기름 추출 시에 발효 공정을 거칠 경우, 원료의 생리 활성 물질에 변화가 없으며, 잘 산화되지 않고 안정성이 뛰어난 발효 공정을 거친 농축 누에 번데기 오일을 실험에 사용했다. 조사를 통하여 농축 누에 번데기 오일이 콜라겐 생합성 증가와 콜라게네이즈 활성을 저해하는 효과가 있음을 확인했다. 이는 누에 번데기 오일 주름 크림(silkworm chrysalis oil wrinkle cream)을 사용한 시험 부위가 대조 부위에 비해 통계적으로 유의한 수준의 피부 주름 개선 효과, 특히 기기 평가에 의한 주름지수인 Roughness R2, R3의 개선 효과를 통해 증명한 것이다. 최근에 권 등(2020)

은 누에 번데기 기름을 함유한 피부 탄력, 피부 보습 또는 피부 주름 개선용 화장품 조성물 및 그의 제조 방법으로 특허를 받았다(10-2143277). 본 발명 역시 피부 탄력, 피부 보습, 피부 주름 개선 효과가 탁월($p<0.05$)했으며, 사용 기간 동안 특별한 이상 반응을 유발하지 않아 안전하게 사용할 수 있다.

〈표 1-3〉 콜라게이즈 활성 억제에 대한 농축 누에 번데기 오일(CSC) 효과

Type	Mean±SD(ng/ml)
(-)	0.127±0.004
TF-α	0.196±0.004
TNF-α/CSC(0.01%)	0.183±0.002
TNF-α/CSC(0.05%)	0.157±0.004
TNF-α/CSC(0.10%)	0.189±0.004

※콜라게네이즈 활성의 억제 정도를 확인할 때 사용했던 TNF-α는 콜라겐 분해 효소인 MMP-1 (Matrix metalloproteinase-1)을 활성화하는 물질로 TNF-α의 콜라게네이즈 활성 촉진에도 불구하고 콜라게네이즈 활성이 억제되는 것이 CSC 분말의 농도가 0.01%, 0.05%일 때 유의성 있게 나타남으로 시료의 콜라게네이즈 억제 효과를 입증했다.(출처: 권 등, 2019)

[이야기1]: 재래시장이나 길바닥에서 번데기를 종종 사 먹곤 했다. 누에 번데기는 메뚜기와 마찬가지로 추억의 먹거리이자 한때는 단골 군것질거리로 인기를 끌었다. 솔직히 군침을 흘릴 정도는 아니지만, 가성비만큼은 아주 그만인 어엿한 식품이었던 셈이다. 『미래식량 곤충을 먹다』 책자에서 얘네들에 대한 글을 적다 보니 퍼뜩 떠오른 속담이 있다. 번데기 앞에서 함부로 주름

잡지 말라!! 번데기 앞에서 주름 잡는 꼴을 보이다가는 자칫 큰 코다칠 수 있다. 그렇다. 누구나 마음에 새겨야 할 경구.

[이야기2]: 결코 빼놓을 수 없는 이야기. 자신감 넘치는 남성을 위한 속칭 '벌떡그라', 이 말은 자신감을 갖고 "어떤 일"에 임하는 모습을 나타내는 상징적인 표현으로 한동안 회자되었던 용어다. 동의보감에도 '숫누에나방'은 남성의 기력과 활력을 증진시키고 지구력을 증진시켜 피로를 잊게 한다고 기술되어 있다니 이 녀석들이 뭔가 '한방' 있기는 있는 모양이다. 각설하고, 지금으로부터 10여 전에 누에가 '사양 산업'이라 여겨지는 상황에서 누에를 바라보는 시각의 다양화와 발상의 전환을 통해 "21세기 뉴 실크로드"을 열어 가자고 역설한 이들이 있었다. 그들은 농촌진흥청 소속 류강선, 남성희, 권해용, 김현복 님이다. 2011년 발간된 RDA Interrobang(7호)에 실린 이 글에 예의 "누에그라"가 등장한다. "누에그라"는 "누에"와 "그라" 두 단어를 합성한 것으로, 성기능 개선제인 "비아그라"와 관련된 식품 또는 건강 보조제를 가리키는 말로 사용했다. 자료에 따르면, 국내에도 '97년 미국의 다국적 제약기업 화이자'가 개발한 '세기의 신약'으로 불리는 '비아그라'가 출시되어 매년 처방 건수가 증가하는 등 인기가 높아 유사 제품까지 등장할 정도였다고 한다. 농촌진흥청 연구진은 우리 민족의 군것질거리이던 번데기에는 거부감이 적다

는 점에 착안하여 우화 직전의 번데기의 효능을 활용한 "누에그라"를 개발했다. 누에그라의 기능성을 보면, 남성 호르몬이 33% 증가되고, 정자 수가 41% 증가하며 또한 지구력이 60% 향상된다는 것이다, 국민에게는 만

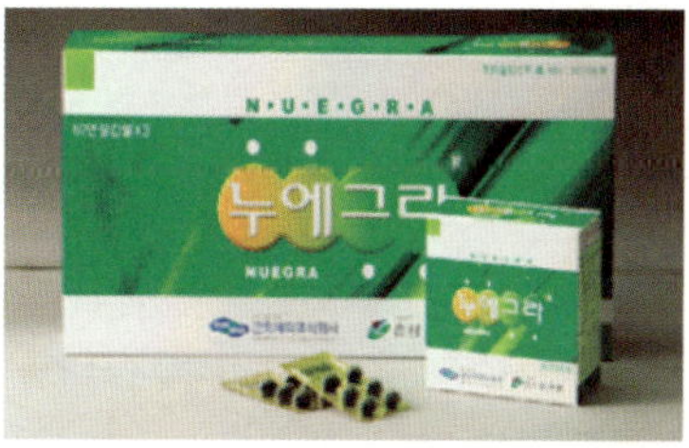

<그림 1-7> 누에그라'는 농진청 잠사곤충부가 개발한 누에 수나방이를 원료로 해 근화제약㈜에서 실용화한 것으로 2001년에 출시되었다.(출처: 농업인신문)

성 스트레스, 과다한 음주 등으로 약해진 체력과 자신감을 돌려주고, 생산 농가는 고수익을 올리는 1석 2조 효과를 거두었다고 당당하게 글을 맺었다. 발기 부전제이자 정력제로 세간에 알려진 한국형 비아그라인 '누에그라'는 농촌진흥청 농업과학기술원이 개발한 누에 수나방과 번데기에다 가시오가피, 오미자, 복분자, L-글루타민, 구기자, 토코페롤 등의 성분을 섞은 건강 보조 식품으로 2001년에 근화제약(주)에서 출시됐다. 앞으로가 더 주목되는 식용곤충 누에 유충 번데기! 이 녀석들은 황금알을 낳는 바이오 의약품으로 새롭게 거듭날 것으로 확신한다.

농경지를 쑥대밭으로 만든, 그 "풀무치"의 진면목은?

'뭉치면 살고 흩어지면 죽는다'는 습성을 가진 곤충이 있다. 이 녀석들은 뭉쳐서 닥치는 대로 농작물을 해치워 버린다. 주인공은 지금 현재로서는 식용곤충의 막내, 그러니까 열 번째로 인정받은 "풀무치"지만, 이 녀석의 진짜 정체를 밝힌 연구는 턱없이 부족하다. 그 이유는 다음과 같다. 미국 소설가 펄 벅이 노벨 문학상을 수상한 작품인『대지』에서 중국의 농경지가 메뚜기 떼에 의해 쑥대밭이 되는 모습이 그려지는데, 이 메뚜기 떼가 곧 '풀무치'이다. 이들 무리에 의해 피해를 입은 사례가 여러 차례 있었는데 이들이 출몰하면 일단 초토화된다. 국내에서도 일찍이『고려사』와『성종실록』등 국내 사료에 '황충(蝗蟲)'이 나타나 농경지에 피해를 끼쳤다는 기록이 있다. 십여 년 전인 2014년 9월에 전남 해남군 산이면 마을 인근 논 5헥타르(ha)와 친환경 간척 농지 20ha에 의문의 곤충 떼 수십억 마리가 나타나 벼와 기장 잎을 갉아 먹고 일대를 초토화시켰는데 당시 '해남 메뚜기 떼' 소식을 접한 누리꾼들은 "혐오스럽네", "주민들 힘내세요", "해남 메뚜기떼 징그럽다" 등의 반응을 보였다고 한다.(스포츠동아) 곤충 떼는 당초 메뚜기로 추정됐으나 농촌진흥청의 조사 결과 메뚜기과에 속하는 풀무치 떼인 것으로 확인됐다. 이처럼 풀무치는 과거에는 농작물 피해를 일으키는 해충인 방제 대상의 곤충일 뿐이어서 지금껏 풀무치를 식품 및 약용 소재로 활용하기 위한 연구는 거의 이루어지지 않았던 것이다.

<그림 1-8> 우리나라 전 지역에 분포하는 풀무치와 시제품(출처: 농촌진흥청)

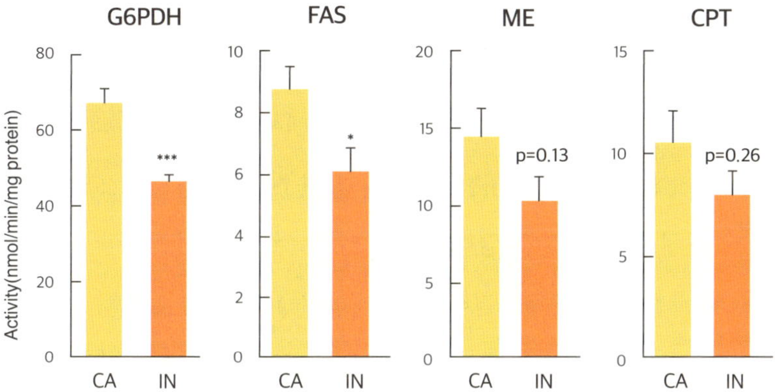

<그림 1-9> 카제인(CA)과 벼메뚜기 분말(ME)을 섭취한 쥐 그룹에서 간 효소 활성(출처: Ochiai 등, 2022) *G6PDH(글루코스-6-인산 탈수소효소), FAS(지방산 합성효소), ME(말산효소), CPT(크레아틴 팔미토일 전이효소)

풀무치(*Locusta migratoria*)는 식용곤충인 벼메뚜기와 같은 메뚜기목 메뚜기과로 벼메뚜기보다 약 2배 이상 크고 사육 기간은 절반 정도로 짧으며 사료 효율이 2배 이상 좋아 생산성이 뛰어나다. 영양 조성을 보면, 단백질(70%)과 불포화 지방산(7.7%)이 풍부해 식품 원료로서 가치가 높아 과자나 선식 등 다양한 식품에 활용될 수 있을 것으로 보인다. 풀무치는 우리나라뿐만 벨기에와 스위스에서 법적으로 이미 허용된 식용곤충으로 태

국, 네덜란드, 프랑스, 독일, 미국, 핀란드 등에서 건조물과 분말 형태로 판매 중이다.

풀무치 추출물이 포함된 조성물(10-2182724)은 조골세포에서의 ALP(alkaline phosphatase) 또는 Runx2(Runt-related transcription factor 2)의 발현을 촉진하는 효과가 우수하여 골다공증, 류마티스성 관절염 또는 퇴행성 관절염과 같은 골 질환의 예방과 개선을 위한 약학 조성물과 건강 기능 식품으로서 용이하게 이용될 수 있다고 했다.

벼메뚜기(Locusta migratoria)는 단백질과 n-3 지질을 함유한 지속 가능한 식품 자원으로 간주되지만, 이들이 지질 대사에 미치는 생리학적 효과는 명확하지 않았다. 이에 대한 최근 해외 연구 결과(Ochia 등, 2022)에 따르면, 수컷 쥐에 메뚜기 분말 급여 시 성장에 도움을이 되었으며 특히 저밀도 리포단백질 대사와 동맥경화 관련 지방산 프로필을 포함한 지질 대사와 장내 조건을 개선한 것으로 나타났다. 간 중성지방 축적 및 지방산 불포화 지수는 간으로의 지질 흡수 활성화로 인해 증가했으며, 반면에 지질 합성 단백질 발현과 효소 활성, 간 기능 지수가 감소했다. 결론적으로 장내에서 소화가 가능한 식이 메뚜기 분말은 이상지질혈증(dyslipidemia) 예방을 위한 건강 기능 식품임을 증명했다. 그러나 현재의 결과는 벼메뚜기 분말을 섭취하면 장내 건강이 개선될 수 있다는 잠재적인 증거를 제공할 수 있지만, 장내 상태에 대한 개선 효과는 보다 적절한 동물 모델을 사용하여 조사할 필요성이 있다.

●●● 몸값 다 하는 녀석, 꽃벵이

"최근 몇 년의 봄은 코로나에 몽땅 빼앗겨 버렸다. 여느 환한 봄날과는 전혀 어울리지 않게 만화방창 꽃잔치마저 폐쇄됐던 모습들은 지금 생각해도 당황스러울 정도다. 어쨌거나 바깥세상은 연초록 새순들이 솟아나 신록으로 물들었지만 생활 속 거리두기의 실천이 여전히 강조되고 있기에 지금 산하의 눈부신 푸르름을 마냥 즐길 분위기는 아니다. 코로나19의 장기화로 '집콕살이'도 자꾸만 길어졌다. 이러한 영향으로 야외활동 제약에 따른 운동 부족과 함께 신체 면역력 저하에 의한 부작용을 염려하는 사람들도 늘어나는 추세다."

코로나19 때의 사회적 상황을 묘사한 것이지만 언제 닥칠지도 모르는 팬데믹과 관련하여 건강 유지에 필요한 영양소와 면역력 개선 등에 도움을 줄 수 있는 '녀석'을 소개한다. 그나저나 '녀석'이라 칭하니 어감상 언뜻 나쁜 이미지가 떠오를 수도 있겠지만 '나쁜 녀석'은 절대 아니다. 이리 단호하게 말하는 데에는 다 이유가 있다. 무엇보다 UN(국제연합)에서 미래에 우리를 먹여 살릴 특별한 친구로 지목할 만큼 귀한 대접을 하고 있으니 이 녀석들은 오히려 믿음직스럽다고 해야 할 정도다. 그렇지니 정확하게는 '몸값 하는 녀석'이라 부름이 마땅하다. 그 연유야 여기서 곧장 밝히겠지만, 얘네들은 농촌진흥청에서 시행하는 '지역전략작목 산학연 광역화사업'에 전국에서 최초로 유일하게 선정되면서 경남 지역 대표적 육성 작목 중 하나로 선정되어 육성되고 있다. 현재 식용곤충에 대한 정책적인 관심은 전국적으로 확대되는 추세다.

아무튼 오늘 소개하고자 하는 몸값 하는 녀석은 바로 '굼벵이'다. 예로부터 우리들이 불렀던 굼벵이는 '흰점박이꽃무지 유충'인데 정부에서 실시한 국민 공모를 통해 '꽃벵이'라는 예쁜 이름을 법적으로 새로 얻었다. 2016년 12월 29일에 식품의약품안전처의 안전성 평가를 거쳐 식품공전에 일반식품 원료로 등록돼 지금은 누구나 식품의 제조·가공·조리에 자유롭게 사용할 수 있게 됐다.

꽃벵이는 동의보감에 간과 관련된 질환을 비롯해 중풍 등 성인병 치료에 효과가 있다고 기록돼 있으며 실제 민간요법에서 오래전부터 약재로 쓰여 왔다. 하지만 이들 효능에 대한 객관적이고 과학적 효능 검증이 부족한 것은 사실이기 때문에 여기에서는 신뢰성 확보 차원에서 농촌진흥청과 학계에서 발표된 학술적 내용을 바탕으로 기술했다는 점을 미리 밝힌다. 먼저 영양적 측면에서 꽃벵이는 건량 기준 조단백질 함량이 57.86%로 매우 높아 새로운 단백질원으로 주목받고 있다. 그뿐만이 아니다. 몸에 좋은 불포화 지방산 중 혈압 강하 작용에 영향을 끼치는 '올레산'이 전체 지방산 중 60% 이상을 차지하고 있으며 기타 유용 영양소들도 많다. 치료제 측면에서는 꽃벵이에 들어 있는 '인돌 알칼로이드(indole alkaloid)'가 혈전 치유와 혈행 개선에 효과가 있음이 밝혀졌다. 또한 꽃벵이는 간에 좋다고 오래전부터 알려져 왔는데 최근 연구에서 간 질환에 대한 예방 효과는 물론 면역학적으로 간의 실질세포와 비장세포에서의 조직 손상과 섬유화에 관계되는 'TNF-α'와 'TGF-β'의 생산 억제를 통해 간 손상에 대한 보호 기능이 있다는 것이 과학적으로 밝혀졌다. 이외에도 당뇨병 치료 효과와 항산화력과 같은 생리 활성 효능도 우수하다고 보고된다. 이러한 연구 결과로 미루어 볼 때 꽃벵이는 영양학적인 유용성과 함께 식·의약 소재로서의 가치를 인정받아 조만간 국민 보건 증진에도 크게 기여할 것으로 기대된다.

식·약용으로서의 가치를 지닌 이색적인 먹거리나 건강지킴이가 필요하다면 몸값 제대로 다 하는 기특한 바로 이 녀석, 꽃벵이를 애용해 보시기 바란다. 그 효능은 과학적 사실에 기반을 두고 소개한 바 그대로이니 믿어도 좋다.

●●● 아메리카왕거저리 유충 들어봤니? 그럼 슈퍼밀웜-킹웜(Kingworm)은?

"아메리카왕거저리 유충"하면 어떤 느낌이 먼저 드는가? 실제 얘네들 실물을 보면? 식용곤충 예찬론자인 필자도 '아메리카왕거저리 유충'이라는 이름에는 어감상 왠지 무섭거나 징그러운 생물이 연상되고 외양도 썩 좋아 보이지는 않았다. 이런 부정적인 느낌은 개인적이긴 하지만 다른 이들도 필자처럼 그런 감정적 반응을 보일 수 있다고 여겨진다. 어쨌든 식품 원료로 사용되는 '아메리카왕거저리 유충(탈지분말)'에 대한 설명을 들어보면 곤충 이름에서 풍기는 느낌이 확 달라질 것으로 그리 믿는다.

아메리카왕거저리 유충은 식용곤충인 '갈색거저리 유충'과 동일한 딱

<그림 1-10> 아메리카왕거저리 유충과 그 탈지 분말 시제품(출처: 농촌진흥청)

정벌레목 거저리과로 갈색거저리 유충보다 크기가 약 1.5배 커서 '슈퍼밀웜(super mealworm)' 또는 킹웜(kingworm)으로도 불린다. 이 곤충은 파충류 등과 같은 동물들을 위한 단백질 공급원으로 쓰이며, 유럽, 남미, 중국, 태국 등에서 건조물, 통조림, 초콜릿, 요리 등에 널리 이용되고 있는데, 현재까지 국내에서는 주로 애완동물의 사료로 활용되고 있다. 그러나 최근 농촌진흥청에서 수행한 영양 성분 분석 결과, 이 유충은 영양학적 가치가 풍부하며, 동시에 유해 물질 및 독성 평가 결과 인체에 안전한 것으로 확인되었다. 아메리카왕거저리는 실내 사육 체계가 정립되어 있으며 밀기울(주 먹이원), 각종 채소(배추, 상추, 무 등; 수분 공급용)를 기반으로 하는 사료로 사육되므로 사람이 먹기에 위생적이며 안전하다.

산업적 활용 증대를 위해 최근래에 Kim 등(2023)은 아메리카왕거저리 유충의 마이크로웨이브 건조에 따른 품질 특성에 미치는 영향을 조사했다. 열풍 건조는 60℃에서 24시간, 동결 건조는 -80℃에서 65시간 건조했다. 마이크로웨이브 건조는 600W에서 6분 30초, 800W에서 5분, 1,000W에서 4분 30초 건조하여 시료로 활용했다. 건조된 아메리카왕거저리 유충의 단백질 함량은 52.47~56.01%로 나타났으며, 800W의 마이크로웨이브로 건조한 처리구가 가장 높은 단백질 함량을 나타내었다($p<0.05$). 단백질 용해성에서는 열풍 건조 및 동결 건조한 처리구들이 마이크로웨이브 건조한 처리구들보다는 높은 수치를 보였다($p<0.05$).

〈표 1-4〉 아메리카왕거저리 유충의 다양한 건조 방법에 따른 단백질 함량 및 단백질 용해성

	열풍 건조	동결 건조	마이크로웨이브		
			600W	MW800W	1000W
단백질 함량(%)	54.52±0.35[b]	53.96±0.11[c]	53.94±0.50[c]	56.01±0.11[a]	52.47±0.39[d]
단백질용해성 (mg/mL)	0.72±0.02[b]	0.80±0.01[a]	0.43±0.02[c]	0.43±0.01[c]	0.44±0.03[c]

출처: Kim 등, 2023

농촌진흥청 보도 자료(2020)에 제시된 아메리카왕거저리 유충의 영양 성분 조성을 보면, 아미노산 중 글루탐산(8g/100g), 아스파르트산(5g/100g)이 다량 함유되어 있으며, 지방산 중에는 불포화 지방산이 약 58%이고, 이 중 올레산(6g/100g)이 풍부하여 영양학적 우수성도 좋다. 한편 Kim 등(2019)은 탈지 전, 후 아메리카왕거저리(Zophobas atratus) 유충의 영양 성분과 유해 분석을 실시했다. 조사 결과, 탈지 후 조지방을 제외한 모든 영양 성분이 탈지 전 유충보다 1.2~1.6배 많게 나타났다. 아미노산과 무기질 함량 역시 1.1~1.3배, 1.1~1.4배 높아 탈지 후 유충의 영양 성분이 우수했다. 탈지 전, 후 유충은 단백질 함량(52.2%와 60.6%)이 식용곤충인 갈색거저리(50.3%), 장수풍뎅이(39.3%)보다 1.1~1.5배 많았다. 또한 필수 아미노산(19.3%와 22.1%), 불포화 지방산(60.1-60.4%) 등 체내에서 합성되지 않는 영양소를 많이 함유하고 있을 뿐만 아니라 중금속, 병원성 미생물 등 안전성 확보도 검증했다. 결론적으로 영양 성분 및 유해 물질 등의 결과로 볼

때, 탈지 유충이 탈지 전 유충보다 식용으로 활용하기에 더 적합하다고 보고했다. 또한 Kim 등(2021)은 아메리카왕거저리 유충 탈지 분말은 동물을 이용한 비임상 시험에서 독성학적 변화가 없는 안전한 물질임을 입증하여 다른 식품 원료 등에 응용 가능한 기초자료로 활용될 수 있을 것으로 보았다. 이러한 기초 조사 결과들에 의해 '아메리카왕거저리 유충(탈지 분말)'이 새로운 식품 원료로 인정받아 먹거리로 사용될 수 있게 된 것이다.

<표 1-5> 아메리카왕거저리(탈지 분말)와 다른 식품들과의 영양 성분 비교

영양 성분 (g/100g)	아메리카왕거저리 (탈지분유)	고소애	꽃벵이	메뚜기	소고기 등심 (fan)	달걀	고등어 (roasted)
단백질	57.5	51.4	54.1	64.2	18.9	12.4	25.2
지방 (불포화 지방산)	20.6 (12.1)	30.4 (22.6)	18.5 (14.4)	2.4 (-)	33.4 (15.5)	7.4 (4.5)	22.4 (10.5)
탄수화물	9.3	14.4	20.0	0.0	0.0	3.4	0.4
식이섬유	6.2	12.8	19.1	-	0.0	0.0	0.0

출처: 농촌진흥청

아메리카왕거저리는 2020년 1월에 식품 원료로 사용된 만큼 그동안 생리 활성 물질들에 대한 약리학적 연구는 아직 부족한 실정이다. Shin 등(2020)은 아메리카왕거저리에 대한 기능성 연구의 일환으로 아메리카왕거저리의 전사체 분석을 통해 선별된 항균 펩타이드 조포바신 1이 그람 음성균에 의한 패혈증과 패혈증 쇼크의 병태생리학에서 중요한 역할을 하는 Lipopolysaccharide(LPS)로 유도된 대식세포의 염증 반응에서 염증 매개인자들의 발현 양상과 신호 전달 과정에서의 인산화 및 LPS와의 상호 작용 유무를 조사했다. 연구진은 수행된 연구 결과를 종합했을 때 항균 펩타이드인 조포바신 1이 패혈증과 같은 염증성 질환에 도움을 줄 수 있는 물질로 개발될 수 있다고 했다. 최근 들어 영양성 위주의 그간 연구에서 기능성 소재로 활용될 가치를 입증하는 특허들이 등록(출원)되고 있다. 위에 소개한 Shin 등(2020)의 연구 결과는 '아메리카왕거저리 유충으로부터 유래된 펩타이드인 조포바신-1 및 이의 용도'로 특허등록(10-2430003)이 되었다. 이외에도 아메리카왕거저리 유충 추출물은 부작용이 없고, 안전성이 우수할 뿐만 아니라 항비만 효능을 가짐으로써 비만 또는 비만과 연관된 질병의 예방 또는 치료제, 건강식품 보조제 및 사료 조성물, 우수한 항산화 활성, 당뇨병의 예방 또는 치료/개선용 약학적 조성물 및 건강 기능 식품, 혈전증의 예방 또는 치료용 약학적 조성물 등 다양한 약리 효과들이 특허화되면서 아메리카왕거저리의 식·의약용 소재로서의 가치가 높아지고 있다.

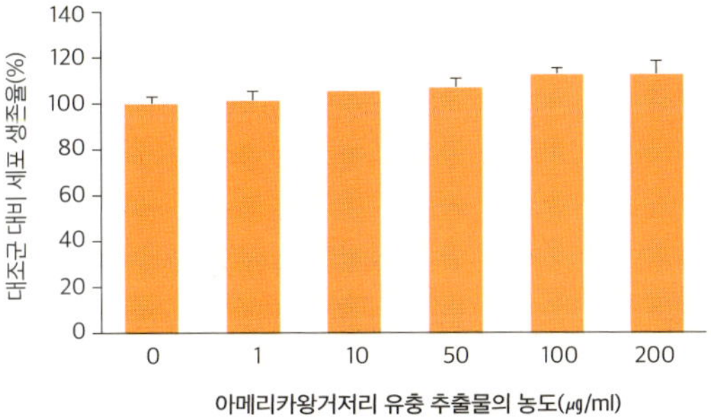

<그림 1-11> 아메리카왕거저리 유충 추출물로 처리한 모든 처리군에서 대조군과 비교 시 100% 이상의 세포 생존율을 나타내었는데 이는 추출물이 3T3-L1 세포에 독성을 나타내지 않으며, 세포 성장에 영향을 주지 않음을 시사한다.(출처: 특허등록번호 10-2380290)

인간의 장내 미생물 개선 수단으로서의 식용곤충

적어도 건조된 곤충 전체의 10%를 차지하는 키틴 함유량으로 인해 곤충은 인간 식이에서 섬유질의 좋은 공급원이 될 수 있다(Belluco등, 2013). 키틴은 곤충을 포함한 대부분의 절지동물의 외골격을 구성하는 타입의 탄수화물 중합체다. 키틴이 프로바이오틱 잠재력으로 인해 위장 건강을 개선하는 것으로 보고된다(Selenius 등, 2018). 키틴은 프로바이오틱으로서 장내 자연적으로 존재하는 미생물군의 번식을 촉진함으로써 간접적으로 미생물로 인한 식중독 및 식품 소화 문제의 발생을 예방하는 데 도움을 준다(Selenius 등, 2018). 살모넬라 티피무리움(Salmonella typhimurium), 장내 병원성 대장균(Escherichia coli), 비브리오 콜레라(Vibrio cholera) 등과 같은 병원성 미생물의 인체 장 내 증식이 키틴 및 그 파생물에 의해 감소(Fernandes 등, 2008)되고, 동시에 Bifidobacteria와 Lactobacillus와 같은 유용한 장내 박테리아 종의 증식과 번성은 촉진된다(Steer 등, 2000). 최근 두 개의 별도 연구에서, 키틴은 장내 미생물 균형의 증가를 촉진하는 것으로 나타났다. Stull 등(2018)은 귀뚜라미 키틴의 존재로 Bifidobacterium animalis의 증식이 5.7배 증가되었으며, Selenius 등(2018)은 키틴에 의해 Lactobacillus rhamnosus GG의 증식이 촉진되고, Escherichia coli TG가 억제되었다고 보고했다.

식용곤충 섭취에 따른 위장 건강 개선, 병원미생물 억제, 유용한 장내 박테리아 증식, 장내 미생물 균형의 증가 등 전반적으로 건강에 긍정적인 영향을 미친다는 결과들은 꽤 흥미롭다.

●●● 식용곤충을 먹은 닭이 낳은 계란은?

곤충은 식량 공급원의 다양성 확보 측면과 가축에 의한 단백질 식품 공급에 한계성을 극복하기 위한 중요한 대안 식품 및 사료용으로 관심을 받고 있다. 가금류에서는 메뚜기나 귀뚜라미 등을 먹이로 사용하고 있지만, 가금 사양 관련 및 계란에 미치는 영향 등에 관한 연구는 없다시피 하다.

최근 경남 산청에서 식용곤충을 생산하는 농가가 대학 연구팀과 함께 '갈색거저리 유충을 급이한 산란계로부터 얻은 달걀의 품질 특성'에 관한 실험 결과를 학계에 발표해 관심을 끌었다. 이번 연구는 음식 폐기물을 활용해 갈색거저리를 사육한 후에 이를 산란계에 급여해 생산한 계란의 특성을 분석한 것으로 실험 결과는 한국생명과학회가 발간하는 생명과

<그림 1-12> 왼쪽부터 대조군, 갈색거저리 5%, 10%, 15%에서 얻은 계란이다. 난황 색도를 비교하면, 명도와 황색도가 10%와 15%로 급이군에서 더 밝게 나타났다(출처: 김 등, 2020).

학회지 2020년 10월호에 게재됐다.

논문에서 저자들은 고단백 및 고지방 사료인 갈색거저리를 보충 사료원으로 활용할 때 계란의 영양 성분 함량이 높아지고 또한 달걀의 신선도를 개선할 수 있는 것으로 분석했다. 이러한 연구 결과는 향후 곤충을 활용한 부가가치가 높은 기능성 축산물의 생산이 가능하다는 측면에서 의미를 갖는다.

●●● 기름도 짠다면서요? 그 효능은!

일찍이 2006년도에 건강 보조 식품, 의약품 또는 화장품 개발에 이용하고자 누에 번데기로부터 기름을 추출, 분리하고 정제하는 방법이 시도되었다(특허 10-0573466). 최근 들어 곤충 유래 기름은 식용곤충인 갈색거저리에 집중되어 있다. 갈색거저리는 체내에 지방이 함유되어 있어서 기름을 추출할 수 있다. 고소애는 정말이지 영양성과 그 기능성 면에서 식용곤충계의 팔방미인이라 해도 좋을 만큼 대단한 존재감을 자랑한다.

Tzompa-Sosa 등(2014)은 갈색거저리 유충 등의 기름을 Soxhlet, 수용액 및 Folch 추출법을 사용했을 때, 추출 수율은 Folch 추출법이 가장 높았고, 수용액 추출법은 추출 수율이 가장 낮았지만, 지방 품질은 가장 우수했다고 했다. 초임계 이산화탄소 추출에 대한 연구를 수행한 Purschke 등(2017)은 오일의 조성과 산도는 추출 매개변수에 영향을 받으며, 낮은 압력과 온도에서 더 나은 결과를 얻을 수 있었다고 했다. 추출된 오일에는 불포화 지방산이 72% 포함되어 있으며, oleic acid 함량이 약 42%로 추출 수율은 95%로 높았다고 보고했다. 국내 연구로는 정 등(2021)이 갈색거저리 유충 기름 추출 공정의 최적 조건과 이화학적 특성을 조사했다. 그 결과 갈색거저리 유충은 기름 추출 공정에서 수분 함량이 적을수록 기름의 추출 수율이 높았으며, 압착 추출 온도를 35℃ 이상 유지하는 것이 좋았다. 기름 회수율은 시료 1kg의 경우에서는 압착 추출 시간 40분까지 추출 수율이 증가했고, 시료 2kg에서는 70분까지 증가했다. 건조방법(마이크로파 건조, 중적외선 건조, 열풍 건조 및 동결 건조)에 따른 추출 수율에는 차이가 없으며, 전체 포화 지방산(SFA) 함량은 26.90~28.37g/100g, 불포화 지방산(USFA) 함량은 70.20~70.58g/100g으로 차이가 없었다. 한편 갈색거저리 유충 볶음 처리에 의한 압착 추출 기름 수율 증가 효과는 없었고, 지방산 함량 및 조성에도 영향이 없었으며, 산가 및 과산화물가는 볶음 처리에 의해 증가했다고 보고했다.

갈색거저리 식용 기름에 관한 특허도 몇 건 정도 파악되고 있다. 먼저 고소애를 고온 압착해서 유지를 제조하는 방법에 관한 특허 출원이 2015년도에 있었다. 해당 갈색거저리 유지는 전체 지방산 내에서 불포화 지

<그림 1-13> 착유 후 침전물이 쌓인 상태(좌)와 다양한 방법으로 제조한 갈색거저리 식용 기름(우)[출처: 특허 10-1859174]

방산을 20 내지 50 중량 %로 포함하고 있으며, ω-3 및 ω-6 다중 불포화 지방산을 다수 포함하고 있어 영양학적 및 건강 기능적인 측면에서 우수한 특성을 보유(10-1858320)하고 있다.

다음에는 ㈜한미양행(정 등, 2018)에서 벤조피렌이 발생되지 않으면서도 향미가 증진된 갈색거저리 식용 기름의 제조 방법으로 특허를 받았다. 세척과 탈수가 된 유충에 마이크로파(5~10분)와 열풍 건조(60~80℃/6~10시간)하여 착유(500~700kgf/cm2 압력에서 60~90℃에서 수행)했다. 특허 방법으로 얻은 갈색거저리 식용 기름에는 오메가-3 지방산인 리놀렌산(linolenic acid) (ω-3 지방산), 리놀산(linoleic acid), 올레산(oleic acid) 등의 불포화 지방산, 토코페롤, 스쿠알렌 및 파이토스테롤(stigmasterol 및 ergosterol 등) 기능성 물질이 다량 함유되어 있으면서도 콜레스테롤 함량이 미미할 뿐만 아니라 벤조피렌이 없고 맛과 향이 좋아 건강 기능성 식용유 또는 고품질의 건강 기능식품으로 제공될 수 있다. 또한 상기 갈색거저리 식용 기름은 연질캡슐 형태로 제공됨으로써 휴대가 간편한 자양강장제 제품으로서도 이용 가능성이 있다.

효능 검증과 관련하여 Kim(2020)은 초임계 추출을 통하여 얻은 갈색거저리 유충 기름(TMO)은 항산화 및 항비만 활성을 가진 이너뷰티 및 화장품 소재로 충분히 활용될 잠재적 가능성이 있으며 향후 전임상 및 임상 연구를 통하여 TMO의 활성 및 기전에 대한 구체적인 연구가 추가적으로 요구된다고 했다. 식용곤충 유래 오일을 이용한 창상 치료에 관한 연구(김, 2020)에서 갈색거저리 유충오일 도포군에서 bFGF, 콜라겐 합성, 신생혈관의 증가를 통해 표피를 재생하는 상처 치유 기전(in vitro와 in vivo)을 확인했다. 한편 논문 이외에도 피부 상태를 개선한다는 특허도 있다. 식용곤충 유래의 밀웜 오일, 흰점박이꽃무지 유충 오일, 및 벼메뚜기 오일을 유효 성분으로 포함하는 아토피 피부염 예방, 치료 또는 개선용 조성물은 아토피 피부염 예방, 치료 또는 개선에 매우 효과적(10-2095265)이다. 또한 갈색거저리 유충에서 추출한 오일은 피부의 콜라겐 형성을 촉진하고 손상된 피부 조직의 회복 및 재생을 촉진하며, 탄력 유지 및 보습을 유도하여 피부 상태를 효과적으로 개선(10-2018156)한다. 이외에도 기호성이 증진된 곤충 유충 오일의 제조 방법(10-2139672) 등이 있다. 식용곤충에서 기름을 추출하는 것은 상대적으로 소량으로 이루어지며, 대규모 생산이나 대규모 식품 원료로 사용되는 것은 아직까지는 제한적이다. 앞으로 연구와 개발을 통해 식용곤충 기름의 활용도가 더욱 확대될 수 있기를 기대한다.

●●● 발모 촉진과 탈모 예방까지

탈모 방지 또는 발모를 촉진하는 주역이 다름 아닌 바로 곤충이라니. 이 녀석들의 활약상은 정말이지 대단하고 대견하기 그지없다. 이 책의 저자이기도 한 황재삼 박사를 비롯한 곤충연구자(백민희, 서민철, 김미애, 윤은영)가 2017년에 갈색거저리 유충 추출물을 이용한 모발 성장 및 탈모 방지 기능성 소재 개발 가능성을 확인했다. 과문한 탓인지는 몰라도 이 연구는 아마 세계 최초가 아닐까 싶다. 이 논문을 바탕으로 특허(10-1780934)도

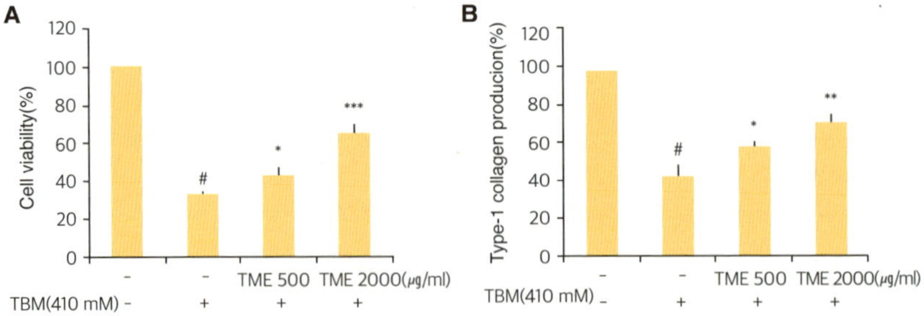

<그림 1-14> 톨부타마이드(TMB) 처리된 섬유아세포에서 갈색거저리 추출물이 세포 증식 효과가 있음을 나타내는 세포 생존율 분석 결과와 제1형 콜라겐(Type-1 collagen)의 발현량 증가 효과가 있는 것을 나타내는 ELISA(Enzymelinked immunosorbent assay) 결과이다(출처: 특허등록번호 10-1780934).

받았다. 본 발명의 갈색거저리 추출물은 기존의 탈모 억제 또는 발모용 조성물에 비해 사용상의 안전성 및 안정성이 높아 탈모 방지 또는 발모 촉진용 조성물, 이를 함유한 약학 조성물, 화장료, 건강 기능 식품으로서 쉽게 사용이 가능하다고 한다. 특허를 활용한 제품이 상품화될 수 있기를 기대한다.

2020년 들어서는 ㈜한미양행에서 귀뚜라미 및 갈색거저리 유충의 가압 증숙 및 효소 처리물을 함유하는 탈모 예방 또는 발모 촉진(특허 등록번호 10-2195880) 그리고 쌍별 귀뚜라미, 갈색거저리 유충 및 흰점박이꽃무지 유충과 같은 식용곤충 유래 초고압 및 효소 처리물과 복합생약 추출물의 발효물을 함유하는 탈모 개선

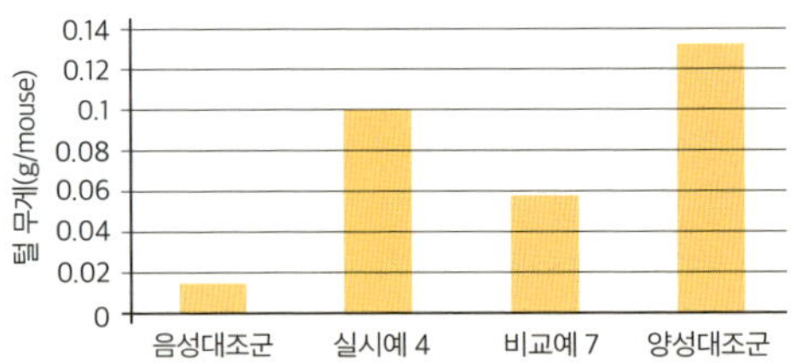

<그림 1-15> 마우스에 4주간 매일 경피 투여를 실시한 이후 다음 날 털 무게를 측정한 결과 양성대조군(미녹시딜)이 가장 높았고, 다음으로 실시예 4, 비교예 7, 음성대조군 순이었다(정 등, 2020, 특허등록번호 10-2195880).

또는 발모 촉진용 조성물(10-2023-0077228) 등 2건의 특허를 통하여 곤충이 모발 관련 각종 세포를 증식하는 효과가 우수함을 확인했다.

서두에서 못한 말을 덧붙인다. 탈모인 1,000만 시대. 이제까지 탈모 치료제의 부작용 등으로 인해 "차라리 대머리가 낫겠다!"라고 생각하는 분들도 꽤 있었을 것이다. 이들에게 희망을 주기 위해 그간 연구와 특허 결과가 빨리 상용화되었으면 좋겠다. 필자도 누구보다도 간절한(!) 마음으로 곤충을 활용한 탈모 예방과 치료에 대한 효과적인 해결책이 나오길 기대하고 있는 이 중의 한 명이다.

풍뎅이 우두머리, 장수풍뎅이 유충(장수애)의 효능

장수풍뎅이 유충(장수애)은 흰점박이꽃무지 유충(꽃벵이)과 2017년 1월 2일에 일반 식품 원료로 함께 인정되었다. 산림청 보도 자료에 의하면, 다자란 장수풍뎅이는 용감한 장수처럼 머리에 솟아난 뿔이 매력적인 곤충으로 예로부터 생명력의 상징으로 여겨져 왔으며 특히 고대 이집트에서는 신성시되었다고 한다. 또한 우리나라에 서식하는 풍뎅이 무리 중 가장 큰 종류 중 하나이면서 가장 힘센 곤충 중 하나라 한다. 이쯤 되면 우두머리 王 자를 써서 그 애벌레를 일러 "왕장수애"라 불러도 손색없겠다.

장수애는 마그네슘과 칼륨 등 무기질과 비타민 B5, E를 함유한다. 동맥경화 예방 효과가 있는 불포화 지방산 '올레산'도 100g당 13g~18g 들

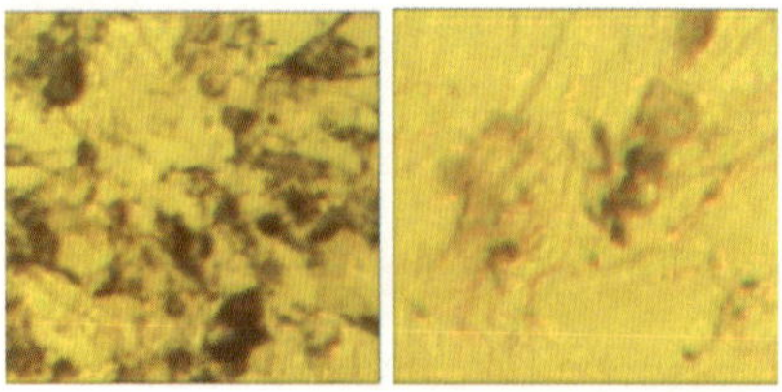

<그림 1-16> 맬라노마 세포 내 멜라닌 색소 생성 억제능 비교(좌-대조구, 우-장수풍뎅이 효소 가수 분해 처리물)[출처: 경상남도농업기술원]

어 있다. 한편 장수애는 대사성 질환(당뇨와 비만 예방 및 치료), 간 질환(간 보호), 노화(알츠하이머 치료, 항산화), 면역력(항염증, 항알레르기), 암 질환(암 예방)과 자가면역 질환 관련(류마티스 관절염 예방 및 치료) 등 다양한 효능에 관한 연구들이 진행되었고 이들과 관련된 특허도 다수가 있다.

최근 들어 경상남도 농업기술원 유용곤충연구소에서 미백 소재물로의 가능성도 찾았다. 발명자들은 생체에 부작용이 없으면서 미백 효과가 우수한 새로운 소재로 천연 물질을 모색하던 곤충의 가수 분해 효소 추출물이 멜라닌 생성 억제 효과가 우수함을 발견했다. 장수풍뎅이 유충으로부터 추출한 곤충 단백질을 가수 분해 효소로 분해해 제조한 저분자 단백질 소재에 관한 것으로 해당 물질은 피부 색소를 생산하는 멜라노마 세포 안에서 멜라닌 색소가 생성되는 것을 억제해 미백 효능이 우수했다. 최근 단백질을 저분자화한 소재가 미백 소재로 각광을 받고 있는데 이번 특허로 인해 장수풍뎅이가 식품 원료 이외에 미백용 에센스나 마스크 팩 등의 미용 소재로 이용될 가능성도 한층 높아졌다.

●●● 식용곤충의 새로운 기능성

식용곤충은 그들이 갖은 높은 영양 가치에도 불구하고 소비자의 혐오감을 극복하는 것이 가장 큰 당면 과제이다. 이를 위한 극복 방안의 하나로 단순한 고단백의 영양적 가치뿐만 아니라 '기능성 식품 원료'로서의 식용곤충의 가치를 강조할 필요가 있다. 최근 들어 식용곤충의 영양적 우수성과 인체에 유용한 생리 활성 기능성을 가진 물질의 약리적 효과에 대한 연구들과 함께 부가 가치가 높은 건강 기능 식품 및 의료용 소재 분야로까지 그 연구 범위도 점차 확대되고 있다는 점은 고무적인 현상이다.

이제 건강 기능 식품은 개인의 건강 관리 수단으로 핵심 소비 트렌드가 되었다. 질병 발병 후 치료보다는 질병 예방 차원에서 자신의 건강을 스스로 챙기는 '셀프 메디케이션(self-medication)' 소비 트렌드에 힘입어 건강 기능 식품 시장은 지속적인 성장을 거듭하고 있다(이혜영, 2020). "건강 기능 식품"이란 인체에 유용한 기능성을 가진 원료나 성분을 사용하여 제조 가공한 식품을 말한다. 식품의약품안전처는 동물 시험, 인체 적용 시험 등 과학적 근거를 평가하여 기능성 원료를 인정하고 있는데, 식용곤충은 혈당 조절에 도움을 줄 수 있는 기능성을 인정받아 2009년에 등록된 "동결건조누에분말(Freeze dry silkworm powder)" 1종에 그치고 있다.

여기서 언급된 "기능성 원료"란 건강 기능 식품의 제조에 사용되는 기능성을 가진 물질로서 다음의 어느 하나에 해당되는 것을 말한다. 1. 동물, 식물, 미생물, 물(水) 등 기원의 원재료를 그대로 가공한 것, 2. 위 1.의 추출물(동물, 식물, 미생물, 물 등 기원의 원재료로부터 용매를 사용하거나 물리적으로 추출한 물질), 정제물(동물, 식물, 미생물, 물 등 기원의 원재료에 포함되어 있는 특정한 성분을 분리·정제한 물질), 3. 동물, 식물, 미생물, 물(水) 등 기원의 원재료를 그대로 가공한 것의 추출물, 정제물 중 정제물의 합성물(정제물에 화학적 반응을 일으켜서 얻은 물질), 4. 위 1.부터 3.까지의 복합물이다. 이와 같이 기능성 원료의 정의에 대해 자세히 적어 본 것은 생물자원의 보고인 곤충이 법으로 정한 "기능성 원료"에 해당될 가능성이 매우 높다고 판단하기 때문이다. 기능성 원료는 고시형 원료와 개별 인정형 원료로 분류된다. 고시형 원료는 기능성이 널리 알려져 있어 별도의 인정 절차 없이 건강 기능 식품을 제조할 수 있도록 식약처장이 '건강기능식품공전'에 고시한 원료다. 개별 인정형 원료는 제조자 또는 수입자에게서 안전성 및 기능성 등에 관한 자료를 제출받아 개별적인 심사를 거쳐 기능성을 식약처장이 별도로 인정받은 원료다. 2024년 8월 현재 기능성 원료는 69종, 개별 인정 원료는 386종이다.

어쨌든 10여 전 (사)대한잠사회가 '동결건조누에분말'로 "개별 인정 원료"를 인정받은 당시에 비하면 새로운 식용곤충류들이 건강 기능 식품 원료로 새롭게 인정받을 가능성이 훨씬 높아졌다. 현재 식용곤충에 대한 심층적인 연구와 개발이 활발하게 진행되어 그 기능성이 과학적으로 연이어 밝혀지고 있기 때문이다. 이러한 점에 착안하여 농촌진흥청에서는 2021년부터 오는 2025년까지 꽃벵이, 누에를 면역증진 등 건강 기능 식품 원료 등록하기 위한 연구를 진행하고 있다. 고소애와 쌍별이(쌍별 귀뚜라미)로 단백질 이용 메디푸드 소재를 개발하고, 누에는 미국 FDA GRAS(Generally Recognized As Safe)에 등록하기 위한 연구도 추진 중이다. 또한 현재 식용곤충 농가 중 꽃벵이 농가가 가장 높은 비율을 차지하고 있어 우선적으로 꽃벵이를 건강 기능 식품 원료로 등록을 추진하고 있다.

이처럼 농촌진흥청을 비롯한 의약 소재로서의 가능성을 확인하기 위한 약리 효과 검증에 대한 연구가 산·학·연에서 활발하게 이루어지고 있으며 동시에 식용곤충을 활용한 메디푸드 개발 및 대체 단백질원으로서의 가치에 대한 연구도 부쩍 늘어나고 있다. 이러한 연구 결과들을 바탕으로 식용곤충 또는 이를 기반으로 하는 식품들이 더는 단순한 일반 식품이 아닌 건강 기능성 식품의 기능성을 인정받는 최고의 식품으로 거듭나길 기대한다.

식용곤충은 안전한가

새로운 식품으로서 등장한 식용 곤충의 식품 안전성에 관한 과학적 문헌은 아직 부족한 실정이다. 소비자의 건강을 보호하기 위해 식용 곤충 소비와 관련된 위험 요인들을 제거하기 위한 더 많은 연구가 필요하다. 실제로 식용 곤충이 일반적으로 안전한 식품으로 인식되는 국가나 지역도 있지만, 대부분의 선진국에서는 소비자들이 식용 곤충의 안전성에 대해 불안한 시선을 가지고 있어 이를 막상 식단에 올리기는 주저한다. 우리나라 또한 식용곤충이나 식용곤충 기반 식품에 대해서는 안전성 이슈뿐만 아니라 일단 혐오 식품의 이미지가 강해서 대중화에 어려움을 겪고 있다.

곤충식은 환경적 가치와 영양학적 가치뿐만 아니라 세계 인구 증가에 따른 식량 부족 위기를 극복할 수 있는 사회적·경제적인 잠재력과 새로운 식품 소재와 의료 물질로써 무한한 가치를 가지고 있어서 전 세계적으로 촉진되고 장려되어야 할 필요가 있다. 새로운 식품으로서의 식용곤충의 가치와 이의 대중화를 위한 전제 조건은 식용곤충에 대한 식품으로서의 안전성에 대한 소비자들의 우려가 해소되어야 한다는 것이다. 이러한 차원에서 농촌진흥청에서는 '안전사육메뉴얼'을 제작하고 교육과 홍보 등을 통해 곤충 사육과 관련된 안전 및 품질 기준 준수를 강조하고 있다. 식품 안전성을 담보하기 위한 국가 차원에서의 모니터링과 기준 규격 준수를 포함한 법규 제도의 개발과 시행도 매우 중요하다.

식용곤충은 안전하게 관리되고 있나요?

식용곤충을 생산하는 농가는 언제나 철저한 사육환경을 유지해야 합니다. 식용곤충은 야생에서 채집하지 않고 위생 기준에 따라 실내에서 생산하고 있어 안전합니다. 농촌진흥청은 '안전사육메뉴얼'을 제작해 농가에 보급하여 식용곤충 사육 농가의 농장 관리, 위생 관리, 사육 관리 등을 지원하고 있으며, 가공업체를 대상으로 위생적인 가공시설 관리를 돕고 있습니다.

출처: 농촌진흥청

●●● 곤충 몸속에 든 노폐물까지 먹는 건 아니겠지요?

식용곤충 제품은 식품 안전 및 위생 기준을 준수하여 생산되며, 배설물과 같은 부분은 제거되거나 처리되어 소비자에게 안전한 형태의 제품으로 제공된다. 따라서 노폐물(정체물)을 먹을 확률은 거의 없다. 법적으로도 곤충 몸속에 든 노폐물을 빼내는 작업을 의무적으로 하게 되어 있다. 농림축산식품부 식육곤충 사육기준 고시에 "식용 곤충과 사료용 곤충은 출하 시 체내 노폐물을 제거하기 위하여 2일 이상 절식시켜야 한다"로 규정되어 있다. 따라서 모든 농가에서는 출하 전 "절식(fasting)"은 반드시 준수해야 한다. 이러한 법적 조치들로 인해 식용곤충은 안전성을 보장받게 된다. 절식에 의한 노폐물 제거와 관련된 실증 연구는 제2편 곤충을 이용한 식품소재 편(그림 2-3)를 참조하면 된다.

●●● 곤충의 먹이원인 '발효 톱밥'은 안전한가요?

"발효 톱밥"이란 흰점박이꽃무지 및 장수풍뎅이 등 곤충의 부식성 먹이원으로 사용되는 것으로서 목재에서 유래한 톱밥에 밀기울 등 영양원을 포함하여 발효시킨 것이다. 곤충의 먹이 기준은 안전성 확보가 최우선인데 식용곤충 중 흰점박이꽃무지 유충 및 장수풍뎅이 유충의 먹이원

인인 발효 톱밥에 사용되는 목재는 원목 또는 원목을 기계적으로 가공 처리한 상태의 것으로서 가공·처리 과정에서 페인트·기름·방부제·접착제·콘크리트·할로겐족 유기화합물이 묻지 않은 폐목재여야 한다. 이로 인해 곤충은 안전하게 섭취 가능한 먹이를 얻을 수 있게 되고 궁극적으로 식용곤충을 소비하는 사람들의 건강과 안전도 보호받게 된다.

식품 안전성은 곤충 생산 단계를 비롯한 식품의 제조, 가공, 유통, 보관 등 전 과정에서 유해 물질이나 세균 등이 식품에 오염되지 않도록 보장되어야 하는 개념이다. 곤충 사육 시 먹이원에 대한 안전성 확보를 위한 조치가 법적으로 규정되어 있지만, 여전히 곤충 먹이원에 대한 우려가 있는 것도 사실이다. 이를 위해 위생성과 안전성이 검증된 먹이원 개발과 표준화 연구가 농촌진흥청에서 활발하게 진행되고 있다. 또한 정부에서도 곤충사육시설현대화 사업을 통하여 곤충 먹이원 생산에 사용되는 사료 발효장 등의 건축 및 개보수 등을 지원하고 있다. 이러한 연구와 정책은 식용곤충의 안전성과 위생성을 보장하고 나아가 식품 안전과 소비자 건강을 보호하기 위한 목적으로 시행되고 있다.

식용곤충을 섭취하면 알레르기를 일으킨다는데?

'식품안전나라' 이용자들이 2022년 1월부터 10월까지 가장 관심을 갖고 검색한 식품 관련 키워드는 무엇이었을까? 아무래도 소비 기한, 식중독, 식품 첨가물 등이 상위권을 차지하지 않았을까? 그렇게 지레짐작했지만 그 예상은 크게 빗나가고 말았다. 검색어 1위를 차지한 '품목 제조보고'는 그럴 수 있다 치더라도, 2위는? 놀랍게도 '알레르기'였다. 이는 소비자들이 알레르기를 유발하는 식품에 관심이 그만큼 높다는 것을 방증하는 사례다.

식품 알레르기란 특정 개인이 일반적으로 무해한 식품을 섭취했을 때, 그 식품에 대해 과도한 면역 반응이 일어나는 현상을 말한다. 이 알레르기 반응은 특정 음식을 섭취할 때마다 반복되며, 식품의 양과는 무관하게 극소량으로도 생명에 위협을 줄 수 있다. 이러한 이유로 식품의약품안전처에서는 알레르기 유발 물질 표시 대상 식품을 별도로 지정하여 관리하고 있으며, 알레르기 유발 물질을 표시하지 않은 제품에 대해서는 법에 따라 회수, 압류·폐기 처분 등의 엄격한 제재를 가하고 있다.

최근 미래의 식량 자원으로 인식되고 있는 식용곤충을 섭취하는 사람이 늘어남에 따라 소비자들에게 식용곤충이나 곤충 기반 식품에 대한 올바른 정보를 제공해야 한다. 특히 관심도가 높은 알레르기 유발 물질에 민감한 사람들에게 이들 식품을 섭취할 때 알레르기 반응에 대한 위험성을 사전에 인지할 수 있도록 정부나 산업계가 조치해야 함은 너무나도 당연하다.

지난 2017년에 제기된 식용곤충을 알레르기 원인 식품 표시 대상으로 지정해야 한다는 주장은 한국소비자원의 '식용곤충 시장과 소비자 보호 방안 연구' 보고서를 근거로 하고 있다. 해당 보고서에 따르면, 2013년부터 2016년까지 약 120건의 번데기 관련 위해 사례가 소비자위해감시시스템(CISS)에 접수되었다. 이는 사실상 중국산 수입 번데기의 위해와 관련된 접수 문제인데도 불구하고 마치 국내산 식용곤충이 모두 위해에 노출된 양 일부 매체에 보도되면서 과도한 불안감이 조성되었다. 또한 같은 보고서는 500명 '설문 조사' 결과 안전사고 경험이 있다는 응답이 9.2%에 달했다고 발표했는데 이 역시 "식용곤충 식품 섭취 경험자를 추적 분석한 결과 9.2%가 위해의 크고 작은 사고를 경험"했다는 식으로 언론에 보도되면서 오해를 불렀다. 오래전부터 먹어 왔던 메뚜기나 번데기와 달리 신규 식품에 가까운 일련의 식용곤충류에 대해서는 이들 곤충과 알레르기 유발 간의 연관성을 분석하고 식품으로서의 안전성을 평가해야 한다. 이는 소비자들의 안전을 보장하기 위해 매우 중요한 요소이다. 이를 위해서는 앞서 보고서에 언급된 단순한 '설문 조사' 항목 이외에도 알레르기 원인 물질 검출, 알레르기 반응 현상 조사, 임상시험 및 실험실 연구 등이 수반되어야 한다. 이러한 신뢰성 있는 연구와 평가는 식용곤충 및 곤충 기반 식품산업의 발전과 소비자 안전을 보장하기 위해서라도 수행되어야 한다.

식품의약품안전처에서는 2018년도에 향후 주기적으로 식용곤충의 알레르기 유발과 관련된 연구를 진행하겠다고 밝힘과 아울러 식용곤충이 알레르기 식용곤충이 아직 알레르기 발생 빈도가 낮고, 상용화되기까지 시간이 걸릴 것으로 판단하여 표시 대상으로 지정하기에는 이르다고 보류 결정을 내린 바 있다. 그 이후 2024년 현재까지 식용곤충을 식품 알레르기 유발 물질로 분류되지 않았으며, 한국소비자원의 2017년 보고서를 제외하고는 현재 곤충 식품 섭취에 따른 알레르기 위해 사례와 발생 빈

<그림 1-17> 알레르기 유발 식품은 포장지에 표시해야 하지만 곤충 식품은 의무 사항이 아니다. 현재 시중에 유통되는 대부분 식용곤충 제품에는 "갑각류 및 곤충 식품 알러지가 있으신 분은 섭취에 유의하시기 바랍니다"와 같은 주의 사항이 표기되어 있다(출처: 식품의약품안전처·이더블(주)).

도 현황 등을 조사한 공식적인 자료는 없는 것으로 파악되고 있다.

어쨌든 식용곤충은 갑각류 알레르기를 유발하는 단백질인 트로포마이오신 성분을 함유하고 있기 때문에 일부 사람들은 섭취할 경우 알레르기 반응이 나타날 수도 있다. 이러한 점을 감안하여 현재 시중에 유통 중인 거의 모든 식용곤충 식품에는 알레르기 주의 사항이 표기되어 있다. 이는 의무적인 사항은 아니지만, 소비자들의 안전을 고려하여 알레르기 관련 정보를 제공하는 것으로 이러한 선제적 조치는 소비자들이 식품을 선택할 때 알레르기 유발 물질에 대한 정보를 쉽게 파악할 수 있도록 도와주고 또한 알레르기 관련 문제를 경감하는 데에도 기여할 것으로 보인다.

행여 갑각류 알레르기에 민감한 사람들은 식용곤충을 섭취할 때 주의가 필요한데 개인의 알레르기 반응은 다양하므로 식용곤충을 섭취하기 전에 자신의 알레르기 반응과 관련된 의학적 조언과 안전성에 대해 전문가와 사전 상담하는 것이 권장된다.

연구 동향1

다양한 식품에는 민감한 개인에게 심각한 결과를 초래하는 불리한 면역 반응과 알레르기를 유발할 수 있는 알레르겐(allergen)이 포함되어 있다. 모든 단백질 함유 식품은 알레르기 반응을 일으킬 수 있으며 식용곤충에 포함된 아르기닌 키나아제, α-아밀라아제 및 트로포마이오신과 같은 일부 단백질은 알레르겐으로 간주된다. 식용곤충과 같은 새로운 식품의 잠재적 알레르기성을 결정하는 것은 중요하다. 상당한 비율의 사람들이 귀뚜라미와 거저리와 같은 특정 유형의 식용곤충에 대해 알레르기 반응을 일으킬 위험이 있는 것으로 밝혀졌다. 곤충 섭취 후 부작용이 보고된 횟수는 제한적이지만, 중국에서 식품에 대한 치명적인 반응의 거의 5분의 1이 곤충 소비에서 비롯된 것으로 보고되었으며, 라오스에서 곤충을 소비하는 사람들의 7.6%가 알레르기 반응을 나타내는 것으로 나타났다. 인간에게 알레르기 반응을 일으키고 소비자 건강을 보호하기 위해 식용곤충 및 곤충 기반 식품에 대한 보다 광범위한 연구가 필요하다.

연구 동향2

식용곤충은 전 세계적으로 중요한 식품 공급원이다. 그러나 알레르기 유발 가능성이 있는 성분으로 곤충 단백질이 언급되고 있어 곤충 섭취로 인해 발생하는 알레르기 반응에 대해 관심을 기울어야 한다. 곤충 단백질에 대한 알레르기는 곤충에 대한 일차 알레르기와 다른 알레르겐과의 교차 반응에 대한 감수성으로 나눌 수 있다. 인간에 대한 임상시험을 기반으로 한 연구는 거의 없고, 주로 쥐, 마우스 및 기니피그에 대해서 수행되었는데, 거저리, 딱정벌레에 대한 알레르기는 마우스 모델에서만 나타났다.

곤충 단백질이 키틴과 트로포닌에 결합한다는 사실이 알려졌으며, 이는 곤충에 대한 알레르기가 인간에서도 발생할 수 있다는 것을 시사한다. 곤충 알레르기는 경구 섭취뿐만 아니라 흡입이나 접촉에 의해서도 노출된다. 몇몇 연구자들은 교차 알레르기의 가능성을 지적했다. Leung 등(1996)은 곤충(메뚜기, 바퀴벌레, 초파리)과 새우 사이의 교차 알레르기를 보고했는데 이 경우 트로포마이오신(tropomyosin)이 알레르기를 일으키는 주된 물질(allergen)이라고 확인했다. 이는 아마도 곤충이 주요 알레르겐인 트로포미오신과 아르기닌 키나제를 포함하고 있는 갑각류와 밀접한 관련이 있기 때문일 것이다. 아쉽게도 현재 이 주제에 대한 지식이 부족하고 진단 검사의 일관성이 없기 때문에 알레르기 관계를 명확하게 식별하는 것은 불가능하다. 또한 제품화 시 가열이나 추가적인 처리 과정에서 곤충 단백질의 변화를 보다 세밀하게 조사할 필요도 있다. 곤충 알레르기에 대한 이해가 아직은 부족하기 때문에 주의가 필요하며, 곤충 제품 포장지에는 가능한 알레르겐에 대한 정보가 포함되는 것이 바람직하다.

●●● 미생물

곤충은 음식으로서의 안전성에 영향을 미칠 수 있는 연관 미생물을 가질 수 있다. 자연에서 수집하거나 농장에서 기르는 곤충 모두 세균, 바이러스, 곰팡이, 원생동물 등 병원성 미생물에 감염될 수 있다(Vega 및 Kaya, 2012). 생물학적 위해와 관련하여 일반적으로 곤충의 병원성 미생물(곤충 병원균-entomopathogenic)은 척추동물 병원균과 분류적으로 다르며 인간에게는 무해하다고 볼 수 있다. 심지어 Bacillus 속 내의 곤충 병원성 종인 B. thuringiensis와 척추동물 병원성인 B. anthracis의 생명 주기가 서로 다르고 중첩되지 않는 것으로 보인다(Jensen 등, 1977). 또한, 곤충은 장내 군집에 다양한 연관 미생물을 가지고 있다. 일반적으로 이러한 미생물은 잠재적인 인간 병원균으로 보지는 않는다. 앞서 언급한 대로 곤충 병원균은 진화적 차이 때문에 인간과 동물에 해롭지 않다고 여겨지지만, 곤충은 인간과 동물 건강에 해로운 다양한 미생물을 운반할 수 있다. 특히 관리되지 않은 위생 조건하에서 이러한 위험은 더욱 커질 수 있다(Kooh 등, 2019). 식용곤충을 통해 인간에게 동물성 감염을 전파할 위험은 낮아 보이지만, 식품과 사료에 대한 잠재적인 위험을 명확히 하기 위한 더 많은 연구가 필요하다(Dicke 등, 2020).

식용곤충은 소비자에게 건강 위험을 초래할 수 있는 병원성 미생물을 운반할 수 있으며, 식용곤충의 오염 정도는 곤충 종류, 수집 방법(야생 대 비야생), 그리고 곤충 조리에 사용되는 위생 관행이나 처리 절차에 따라 다르다(Francis 등, 2019). 식용 곤충과 관련된 미생물 위험에 대한 최근 연구들에서 병원성 미생물의 존재를 보고했다(Garofalo 등, 2017; Osimani 등, 2017; Vandeweyer 등, 2017). 전자상거래 판매 중인 식용곤충 제품의 생물 군에 대한 몇몇 연구에서는 Vibrio, Streptococcus, Staphylococcus, Clostridium 및 Bacillus 속이 포함되어 있다는 것이 확인되었다(Fasolato 등, 2018; Osimani 등, 2018). 특히 태국에서 가공하고 판매되는 식용곤충에 존재하는 미생물군의 다양성을 조사한 연구에서는 Vibrio, Streptococcus,

Staphylococcus, Clostridium 및 Bacillus와 같은 다양한 잠재적인 병원성 세균군이 발견되었고(Osimani 등, 2017)], 우간다에서는 식용 메뚜기에서 Bacillus, Campylobacter, Clostridium, Neisseria, Pseudomonas 및 Staphylococcus와 같은 식중독 질환에 기여할 수 있는 박테리아가 존재했다(Musundire 등, 2014). 국립농업과학기술원 잠사곤충부의 연구에 따르면, 죽은 애반딧불이(Luciola lateralis) 600마리에 대한 세균 분석을 실시해 치사균은 토양에서 유래된 Pseudomonas 종이 원인임을 확인했고, 이 종이 방출한 물질로 인해 곤충의 지방체가 파괴되었을 가능성을 제기한 바 있다. 메뚜기 병사충 대상의 미생물 조사 결과, Acinetobacter 종이 세균으로 확인되었으며, 사슴벌레의 병사충에서는 패혈증을 일으키는 세균인 Serratia 종이 확인되었다(Kim 등, 2005).

이러한 연구들은 날것 및 가공된 식용 곤충이 곤충식품 소비자에게 식중독 질환을 일으킬 가능성이 있을 수 있다는 것을 시사한다. 개발도상국에서 대부분의 식용곤충이 야생에서 수집되는 등 비위생적인 환경일 가능성이 높지만, 우리나라에서는 그런 우려가 없다. 그러함에도 불구하고 우리나라도 곤충식품 생산사슬 전반에서 보다 강화된 위생 조치를 취하여 식품 안전성 확보 시스템을 구축하여야 하며, 이를 위한 기술 개발 투자도 강화할 필요가 있다.

한편 지금부터 언급하고자 하는 포자 형성 박테리아(spore forming bacteria)는 곤충에서만 나타나는 것이 아니라 우리들이 일상에서 섭취하는 여러 다양한 식품에도 존재할 수 있기 때문에 비단 곤충에만 국한되는 문제는 아니라는 점을 먼저 밝히면서 이에 대한 정보도 기술한다. 식용곤충 내에서 포자 형성 박테리아의 존재는 또 다른 주요 식품 안전 문제이다. Klunder 등(2012)은 농장에서 기르는 딱정벌레(Tenebrio molitor)에 대한 실험을 통하여 위생적인 처리와 올바른 보관의 중요성을 강조했다. 곤충을 물에 몇 분 동안 끓이면 Enterobacteriacae가 제거되었지만, 포자는 이 열처리 과정에서도 생존하여 박테리아가 30°C 정도의 온도와 습한 환경과 같은 조건에서 자라서 음식의 부패를 유발할 수 있다. 포자 형성 세균은 곤충 창자와 피부에서 발견되었으며, 이는 토양에서 유래될 가능성이 있다. 열에 강한 이러한 포자는 식용 곤충에 대한 일반적인 가공 방법인 건조, 끓이기, 튀기기와 같은 과정에서도 살아남을 수 있다(Osimani 등, 2017; Vandeweyer 등, 2017). Bacillus cereus sensu stricto(s.s.), B. cytotoxicus, B weihenstephanensis 및 Clostridium thermopalmarium과 같은 포자 형성 박테리아는 가공된 황색 밀웜과 메뚜기에서 발견되었다(Vandeweyer 등, 2020). 열처리 후 불충분한 냉각은 포자의 발아를 위한 조건을 용이하게 하여 B. cereus의 증식과 독소 생성을 가능케 할 수 있다. 다른 치명적인 독소 생성 포자 형성 박테리아인 Clostridium sordellii도 식용 곤충에서 확인되었다(Osimani 등, 2018). 아프리카에서 발생한 일부 보툴리즘 사례도 곤충 섭취와 연관이 있다(Schabel, 2010). 또한 식용 곤충에서 발견된 식품 품질을 변경할 수 있는 식품 오염균인 Lysinibacillus sp.와 Bacillus subtilis도 식품 안전 문제를 제기한다(Vandeweyer 등, 2020). 앞서 언급한 대로 포자 형성 박테리아는 곤충뿐만 아니라 다양한 식품에서 발견되므로 이 문제는 곤충에만 국한되지 않는다. 다만 식용곤충이 최근 들어 새로운 식품으로 주목받고 있기 때문에 이들에 대한 대사 경로, 대사

생성물 및 잠재적 독성 효과를 파악하기 위한 추가적인 연구가 필요하다.

지금까지의 연구 결과를 고려할 때, 곤충이 삼킨 병원성 세균들이 곤충의 장내와 표면에 존재할 가능성은 높다. 이는 식용 곤충을 가공하고 섭취할 때 미생물 감염 위험이 있다는 것을 의미한다(이와 윤, 2019). 병원성 미생물 감염의 위험을 없애고 소비자의 건강을 보장하기 위해 생산, 가공, 유통, 보존 등 식용곤충 식품 공급망 전반에 걸쳐 HACCP를 통한 식품 안전성 확보 조치가 필수적이다.

●●● 바이러스

바이러스는 생물과 무생물의 경계가 모호하여 미생물 분류에 어려움이 있지만, 사람과 동물에 다양한 질병을 일으키며 직접적인 영향을 미치는 병원미생물(pathogen)이다. 해충을 섭취함으로써 발생하는 간염 A, 간염 E 및 노로바이러스와 같은 식중독 바이러스와 관련된 위험은 낮지만, 바이러스가 사료를 통해 곤충 생산 장치에 유입되지 않도록 주의해야 한다. 유럽식품안전청(EFSA) 과학위원회는 절지동물 매개체에 의해 전이되어 발생하는 질병의 발생과 전이 가능성에 대한 추가적인 연구가 필요하다고 했다.

●●● 기생충

곤충이 기생충성 식중독 질병(parasitic foodborne diseases)을 전파하는 역할에 대해서는 거의 조사되지 않았으나, 이와 관련하여 일부 식용곤충이 안전하지 않은 식품일 잠재성은 존재한다. 야생에서 채취한 곤충은 먹이원 자체가 통제되지 않기 때문에 인간에 기생성 질병을 전파할 위험이 있다. 식용곤충으로부터 기생성 병균이 음식을 통해 전파될 수 있는 가능성이 있다는 보고들이 있지만 이러한 관찰은 주로 야생 채취한 곤충에서 이루어졌다. 현재 농장에서 양식한 곤충과 기생충성 병균 전파 간의 데이터는 없다. 특히 우리나라는 식용곤충은 날것으로 섭취하지 않기 때문에 이러한 위험 요인은 무시해도 좋다. 그러나 야생에서 수집한 곤충은 함부로 섭취해서는 안 된다.

●●● 화학적 위해

곤충 사료 시스템은 생산 최대화와 동시에 곤충 기반 식품 제품의 물리적, 생화학적 및 미생물학적 안전을 담보하기 위해 표준화되어야 한다. 농업 폐기물로 사육되는 곤충은 마이코톡신, 농약과 같은 작물 보호용 화학물질, 유해한 금속 및 다이옥신과 같은 화학적 위해요소에 노출될 수 있다. 가장 일반적인 화학적 위험은 중금속의 존재, 수의약품 잔류, 할로겐화 유기 화합물 및 살충제 잔류이다. 화학적 노출의 주요 경로는 곤충이 성장하는 기질일 것이므로 적합한 기질을 사용하고 번식 중에 지속적인 모니터링을 보장하는 것이 중요하다(van der Fels-Klerx 등, 2018).

마이코톡신

곰팡이독소(mycotoxin)은 공중보건 및 식품 안전에 부정적인 영향을 미치는 중요한 식품 오염 물질로 주로 Fusarium, Aspergillus 및 Penicillium 속의 다양한 식물 병원균 및 식품 파손 곰팡이에 의해 생성되는 이차 대사산물이다(Purschke 등, 2017). 여러 종류의 마이코톡신이 식용곤충에서 감지되었으나, 이는 공중보건에 문제를 일으킬 정도로 높은 수준은 아니다(De Paepe 등, 2019). 일부 곤충 종은 특정 마이코톡신 함량이 높은 기질에 노출되었을 때 화학 오염 물질이 축적되지 않거나 곤충 체내에서 대사되거나 곤충 분비물로 배출된다(Mpuchane 등, 2000). Camenzuli 등(2018)은 유럽 위원회(EC)에서 정한 최대 한도보다 훨씬 높은 수준으로 첨가된 4가지 마이코톡신(아플라톡신 B1, 덕시니발레놀, 지어레논 및 오크라톡신 A) 중 그 어떤 것도 밀웜 유충에서 누적되지 않았다고 보고했는데, 마이코톡신 및 그들의 대사물의 농도는 각각 정량한계(LOQ, limit of quantification) 아래에 있었다(Camenzuli 등, 2018).

생산 현장에서 사료 오염으로 인해 곰팡이독소가 발생할 수 있는데 실제 다양한 곰팡이독소가 식용곤충에서 검출되었으며 식용곤충에서 감지되거나 양적 분석된 모든 마이코톡신 중에서 특히 발암물질로 입증된 아플라톡신은 건강상 가장 큰 문제이다(Poma 등, 2017). 이는 식용곤충 소비가 많은 개발도상국에서 주로 발생되었고, 우리나라에서는 보고된 바는 없다. 그러나 규모가 영세하고 제조 환경이 열악한 환경에서 자체 제조되는 자가 사료는 곰팡이 오염에 취약할 수도 있으므로 각별한 주의가 요구된다.

중금속

주로 독성물질로 간주되는 중금속은 납, 수은, 비소, 카드뮴 등으로 낮은 노출 수준에서도 중독성을 유발할 수 있는 금속들이다. 음식물에 중금속이 오염되면 인간과 동물 모두에게 급성 및 만성적인 부정적 영향을 미칠 수 있다. 현재 식용 곤충의 안전성과 관련한 중금속에 대한 지식은 제한적이다. 식용 곤충 내에서의 중금속 축적 가능성은 곤충 종, 생장 단계 및 급여 기질 등 여러 가지 요인에 의존하는 것으로 나타났다(EFSA, 2015). 필수적인 중금속은 식용 곤충 내에서 축적되지 않았으나, 비필수 중금속인 카드뮴, 납, 수은, 비소 등은 축적될 수 있으며, 중금속 요소, 곤충 종 및 생장 단계에 따라 그 정도가 달라진다(van der Fels-Klerx 등, 2018). 식용 곤충 중에서 감지된 중금속에는 카드뮴, 납, 수은 등이 있다. 가장 큰 우려 중금속 두 가지는 카드뮴과 비소이다.

최근에 Kohler 등(2019)은 태국에서 소비되는 네 가지 식용곤충 유형에서 수은, 납, 카드뮴 및 비소를 낮은 농도로 감지했다. 이러한 보고서는 야생에서 수집한 경우를 포함하여 식용곤충이 식품 안전성 부담을 야기할 가능성을 시사한다. 그러나 이러한 위험성은 통제된 식용곤충의 생산, 가공 및 저장을 통해 어느 정도 완화될 수 있을 것으로 보이며(Samuel Imathiu, 2020), 우리나라에서는 중금속을 법적으로 엄격하게 관리하고 있다.

농약 잔류물

농작물에 생산에 사용된 농약은 처리된 식물 기반 부산물로 사육된 곤충에 누적될 수 있다(Houbraken 등, 2016). 야생에서 수확된 식용곤충은 때로는 농약이 뿌려진 식물이나 작물을 섭취할 수 있으며 이로 인해 농약 잔류물이 체내 누적으로 이어질 수 있고 이를 섭취하는 경우 특히 농약 식중독 위험에 노출된다. 그러나 현재는 식용곤충 농장에서의 제어된 사료 공급 등에 의한 생산 시스템의 적용으로 인해 농약 잔류물이 없는 식용곤충을 생산하는 것이 가능하다.

●●● 중금속으로부터 안전한가?

중금속은 식품 등을 통해 한 번 몸속에 들어오면 쉽게 배출되지 못하고 체내에 축적돼 건강에 나쁜 영향을 미치기 때문에 보다 엄격하게 통제된다. 인체에 유해 정도가 높다는 바로 이 점 때문에 중금속의 위험성 결정은 '주간잠정섭취한계량(PTWI)'으로 설정되며 이러한 기준치에 따라 정부에서 규제하고 있는 대표적인 유해 중금속으로는 납(Pb), 카드뮴(Cd), 수은(Hg), 비소(As) 등이 있다.

그렇다면 식용곤충은 이러한 중금속으로부터 안전할까? 결론부터 말하면 안심해도 좋다. 식용곤충은 '중금속이 범벅인 더러운 벌레'가 아닌 '안전한 식품'이라 할 수 있다. 이미 식용곤충은 식품으로서의 안전성을 담보하는 유기적인 안전관리 체계가 구축돼 법적 규제를 받고 있다. 먼저 '곤충 산업의 육성 및 지원에 관한 법률'에 따라 식용곤충은 대량 사육, 유통과정에서 발생할 수 있는 사람의 생명·신체와 생태 환경에 대한 피해 등을 예방하기 위해 위해성을 평가받는다. 위해성 평가 결과 조치가 필요하다고 인정되는 경우, 정부는 사육과 유통을 제한하거나 폐기할 수 있도록 돼 있다. 또한 '식품의 기준 및 규격'에도 식용곤충은 사육 기준이나 규격에 적합해야 함을 규정하고 있으며 아울러 중금속 기준치도 명시하고 이의 준수를 규제하고 있다.

최근 들어 식용곤충(건조물)의 납, 카드뮴, 무기비소 기준치가 kg당 0.1 mg 이하로 강화됐다. 향후 식품의약품안전처에서 새롭게 식용으로 인정되는 곤충의 경우에도 같은 기준을 따른다. 다만 농촌진흥청에서 사육환경 개선 연구가 진행 중인 장수풍뎅이유충, 꽃벵이에 대해서는 예외적으로 납 기준 0.3 이하가 적용되고 있다. 참고로 거의 매일 식탁에 오르는 곡류의 중금속(mg/kg)은 납 0.2 이하, 카드뮴 0.1 이하(쌀 0.2 이하), 비소는 쌀에 한해 0.2 이하인데 식용곤충은 이들 기준치에 비하면 엄격한 편이다. 이에 대해 곤충 산업계에서 섭취 빈도수 등을 고려할 때 너무 과도한 기준을 적용하는 것 아니냐는 볼멘소리도 없지 않아 있지만 이는 되레 안전성 측면에서 소비자들로부터 신뢰성을 높이는 기회로 삼아야 할 것이다. 이참에 업계에서도 중금속, 특히 납 오염 수준이 유독 강조되는 '영·유아용 이유식'이나 특수 조제 식품 등에 향후 친환경 원료로도 사용될 수 있게끔 안전관리 기술개발에 더욱 힘써야 할 것이다. 또한 소비자들은 그동안 식용곤충의 식품 안전성에 대해 잘못된 또는 부정적인 선입관을 갖고 있었다면 이젠 버려도 좋다. 식용곤충은 중금속으로부터 안전한 식품이기에 안심하고 섭취해도 괜찮다.

식품 안전성 확보를 위한 생산 단계에서의 중금속 관리 방안

첫째, 노폐물에 잔류하는 중금속 등을 완전 배출시키기 위해서 절식 2일 이상은 반드시 준수할 것

–법적 기준: 식용곤충 출하 시 체내 노폐물을 제거하기 위해 2일 이상 절식시켜야 함.

둘째, 안전성 문제 발생 시 추적 관리에 필요한 먹이원 관리(종류, 제조일, 구입일)가 포함된 사육 관리 일지를 반드시 작성할 것

–법적 기준: 사육 일지는 작성일로부터 2년간 보관하여야 함.

셋째, 사료로부터의 야기되는 중금속 오염을 사전에 차단하기 위해 사료 공급업체로부터 정기적으로 중금속 분석 결과서나 사료 검정 증명서 등을 요구하여 사전 확인 및 관리할 것

–법적 기준:

- "발효 톱밥"이란 흰점박이꽃무지 및 장수풍뎅이 등 부식성 곤충의 먹이원으로 사용되는 것으로서 목재에서 유래한 톱밥에 밀기울 등 영양원을 포함하여 발효시킨 것을 말함.
- 흰점박이꽃무지 유충 및 장수풍뎅이 유충의 먹이 기준에 의하면 발효 톱밥에 사용되는 목재는 원목 또는 원목을 기계적으로 가공 처리한 상태의 것으로서 가공·처리 과정에서 페인트·기름·방부제·접착제·콘크리트·할로겐족 유기화합물이 묻지 않은 폐목재를 말함.

※ 거저리 유충(밀웜·슈퍼밀웜), 건조 귀뚜라미, 건조 메뚜기, 동애등에 유충 등은 "단미사료의 기준 및 규격"에 준하여 관리하여야 함.

※ 자가 사료도 중금속 검사를 받고 합격품에 대해서만 반드시 유통 및 급여할 것.

넷째, 행여 지하수를 사용할 경우 수질 검사서를 확인해 볼 것

–법적 기준: 지하수 등을 사용하는 경우 취수원은 화장실·폐기물 처리 시설·

동물사육장 등 오염될 우려가 있는 장소로부터 영향을 받지 아니하는 곳에 위치할 것

●●● 항영양 물질

항영양 물질(화합물)은 음식물에 자연적으로 존재하는 물질로, 영양소 섭취, 소화, 흡수 및 이용을 억제하는 역할을 하며(Akande 등, 2010), 건강에 부정적인 영향을 줄 수 있다. 이러한 물질은 식물 기반 음식에서 동물 기반 음식보다 더 흔하게 나타난다. 일부 식용곤충 종은 알칼로이드, 사포닌, 탄닌, 옥살산, 피트산염 및 시안화 수소 등의 항영양 물질이 함유될 수 있음이 보고되었다(Aggett, 2010). 이와 관련하여 어떤 항영양 물질이 어떤 곤충 유형에 존재하는지에 대한 연구와 섭취하기 전에 이를 제거하는 방법 등에 대한 방안을 찾을 필요가 있어 보인다.

더 알고 싶은, 곤충 Q&A

●●● ‘곤충’의 정의와 유통 또는 판매 가능한 곤충의 종류는?

Q: 곤충의 정의는?

A: '곤충'이란 사슴벌레, 장수풍뎅이, 반딧불이, 동애등에, 꽃무지, 뒤영벌, 그 밖에 농림축산식품부령으로 정하는 동물을 말한다. 여기서 “농림축산식품부령으로 정하는 동물”은 국제동물명명규약(ICZN: International Code of Zoological Nomenclature)에 따른 분류학상 절지동물문(節肢動物門) 곤충강(昆蟲綱)에 속하는 동물 및 거미류, 지네류, 그 밖에 농림축산식품부장관이 정하여 고시하는 무척추동물을 말한다.

Q: 곤충은 동물 가운데서 어떤 위치에 있을까?

A: 우선, 동물은 크게 등뼈인 척추의 존재 유무에 따라서 척추동물(등뼈동물)과 무척추동물(등뼈 없는 동물)로 구분된다. 곤충은 모두 등뼈가 없는 대신에 피부인 체벽이 뼈의 역할을 한다. 따라서 외골격 동물인 무척추동물에 속한다. 그런데, 척추동물은 생김새도 매우 다양하고 종수가 많다. 그 가운데 진정한 곤충뿐 아니라 거미와 지네류 모두는 절지동물에 속한다. 절지(節肢)란 한자 그대로 이들의 몸뿐 아니라 다리와 같은 부분들이 모두 여러 마디로 이어진 동물이기 때문이다. 따라서 곤충은 절지동물 무리에 속하여 갑각류, 거미류, 다지류 등과 친척 관계를 이루고 있다.

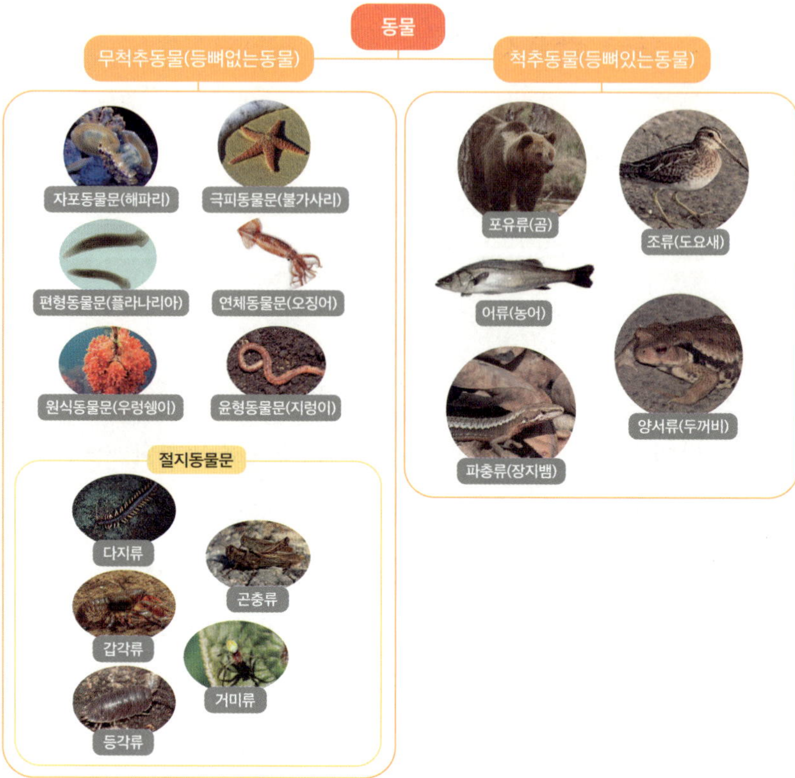

<그림 1-18> 곤충의 분류학적 위치와 관련 무리들(출처: 농촌진흥청)

Q:「축산법」 시행령에서 정한 유통 또는 판매 가능한 곤충의 종류는?

A: 곤충은 천적 곤충, 화분 매개 곤충, 환경 정화 곤충, 식·약용곤충 및 학습·애완 곤충 등으로 구분되고, 우리나라에서 유통 또는 판매 가능한 곤충의 종류는 〈표 1-6〉과 같다. 여기에는 식용곤충도 당연히 포함되어 있다. 우리나라도 〈그림 1-19〉에서 보는 바와 같이 일본처럼 곧 식용곤충을 동네 마트에서도 쉽게 만날 날이 곧 있을 것이라 희망해 본다.

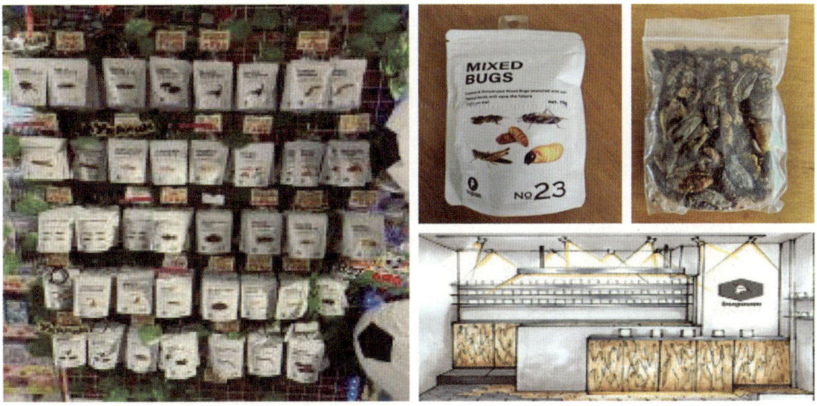

<그림 1-19> 일본 시장에서 유통 판매 중인 다양한 식용 곤충과 전문점(출처: 필자·bugoom)

●●● 곤충은 "가축(家畜)"인가요?

Q: '곤충'은 더 이상 징그럽고 더럽거나 눈살을 찌푸리게 하는 혐오의 대상이 아니다. 귀한 '가축(家畜)'으로 대접받고 있다. 그것도 법적으로 말이다. 그런데 "가축"이 뭐지?

A: "가축"이란 사육하는 소·말·면양·염소[유산양(乳山羊: 젖을 생산하기 위해 사육하는 염소)을 포함한다.]·돼지·사슴·닭·오리·거위·칠면조·메추리·타조·꿩, 그 밖에 대통령령으로 정하는 동물(動物) 등을 말한다. 축산법에서 정한 가축의 정의이다. 여기서 대통령령으로 정한 동물에는 기러기·노새·당나귀·토끼·개·꿀벌이 있다. 또한 그 밖에 사육이 가능하며 농가의 소득 증대에 기여할 수 있는 동물로서 농림축산식품부장관이 정하여 고시하는 동물이라고 명시되어 있다.

Q: 곤충이 가축으로 된 법령 근거는?

A: 농림축산식품부가 축산법 시행규칙 위임 고시인 '가축으로 정하는 기타 동물'을 개정해서 지난 2019년 7월 25일부터 곤충을 축산법에 따른 가축으로 인정했다.

Q: 2019년에 곤충 가축으로 포함된 종류는 어떤 것들이 있나?

<표 1-6> 유통 또는 판매 가능한 곤충의 종류

구분	종류	
1. 천적 곤충	가. 노린재류	담배장님노린재, 미끌애꽃노린재, 참딱부리긴노린재, 으뜸애꽃노린재
	나. 풀잠자리류	칠성풀잠자리붙이, 어리줄풀잠자리, 갈고리뱀잠자리붙이
	다. 딱정벌레류	갈색반날개, 민깨알반날개, 꼬마무당벌레, 꼬마남생이무당벌레, 무당벌레, 깍지무당벌레
	라. 파리류	진디혹파리, 응애잡이혹파리, 호리꽃등에
	마. 기생벌류	명충알벌, 쌀좀알벌, 검정알벌, 어비진디벌, 콜레마니진디벌, 싸리진디벌, 복숭아혹진디벌, 진디면충좀벌, 굴파리좀벌, 온실가루이좀벌, 황온좀벌, 담배가루이좀벌, 알깡충좀벌, 배노랑금좀벌, 잎굴파리고치벌, 배추나비고치벌, 예쁜가는배고치벌, 프루텔고치벌, 개미침벌
	바. 응애류	긴털이리응애, 가는뿔다리좀응애, 마일스응애, 사막이리응애, 칠레이리응애, 지중해이리응애, 오이이리응애, 팔라시스이리응애, 나팔이리응애
	사. 그 밖에 농림축산식품부장관이 정하여 고시하는 곤충	
2. 화분 매개 곤충	서양뒤영벌, 토종 뒤영벌류(Bombus spp.), 서양종꿀벌, 동양종꿀벌, 가위벌과(Megachilidae spp.), 연두금파리, 검정뺨금파리, 배짧은꽃등에 및 그 밖에 농림축산식품부장관이 정하여 고시하는 곤충	
3. 환경 정화 곤충	아메리카동애등에, 뿔소똥구리, 집파리 및 그 밖에 농림축산식품부장관이 정하여 고시하는 곤충	
4. 식용 곤충	「식품위생법」제7조 제1항에 따라 고시된 곤충과 같은 조 제2항 및 같은 법 시행규칙 제5조 제1항에 따라 한시적으로 인정된 곤충	
5. 약용 곤충	말벌과(Vespidae spp.), 땅강아지, 등에과(Tabanidae spp.), 가뢰과(Meloidae spp.), 누에나방(백강잠, 잠사), 사마귀과(Mantidae spp.), 매미과(Cicadidae spp.), 굼벵이류(Holotrichia spp.), 왕지네, 그 밖에「약사법」 제52조 제1항에 따른 기준에 따라 사용할 수 있는 토종 곤충(지별충과 전갈은 제외한다.)	

구분	종류	
6. 학습 애완 곤충	가. 잠자리목	왕잠자리, 어리부채장수잠자리, 어리장수잠자리
	나. 사마귀과	넓적배사마귀, 왕사마귀, 사마귀, 좀사마귀
	다. 대벌레류	대벌레, 긴수염대벌레
	라. 메뚜기류	우리벼메뚜기, 풀무치, 방아깨비, 섬서구메뚜기
	마. 여치류	여치, 긴날개여치
	바. 귀뚜라미과	왕귀뚜라미, 쌍별귀뚜라미, 방울벌레
	사. 수서노린재류	장구애비, 게아재비, 물자라류, 소금쟁이류
	아. 뱀잠자리과	뱀잠자리류 유충
	자. 수서딱정벌레류	물방개류, 물땡땡이, 애물땡땡이, 물매미
6. 학습 애완 곤충	차. 딱정벌레과	멋쟁이딱정벌레, 홍단딱정벌레, 우리딱정벌레
	카. 사슴벌레류	사슴벌레류
	타. 장수풍뎅이과	외뿔장수풍뎅이, 장수풍뎅이
	파. 꽃무지과	사슴풍뎅이, 점박이꽃무지류, 긴다리호랑꽃무지, 꽃무지
	하. 반딧불과	반딧불과 전종
	거. 거저리과	아메리카왕거저리, 갈색거저리
	너. 하늘소류	톱하늘소, 버들하늘소, 검정하늘소, 하늘소, 청줄하늘소, 루리하늘소, 모자주홍하늘소, 초록사향하늘소, 벚나무사향하늘소, 홍가슴풀색하늘소, 호랑하늘소, 목하늘소, 후박나무하늘소, 솔수염하늘소, 알락하늘소, 큰우단하늘소, 화살하늘소, 울도하늘소, 뽕나무하늘소, 참나무하늘소, 알락수염하늘소, 팔점긴하늘소
	더. 나비류	배추흰나비, 큰줄흰나비, 남방노랑나비, 꼬주명주나비, 호랑나비, 제비나비류, 암끝검은표범나비, 왕나비류
	러. 개미류	일본왕개미, 홍가슴개미
	머. 거미류	황닷거미, 별농발거미, 먹닷거미
	버. 그 밖에 농림축산식품부장관이 정하여 고시하는 곤충	
7. 사료용 곤충	「사료관리법」 제2조 제2호에 따른 단미 사료의 품목별 기준 및 규격에 해당하는 곤충으로 갈색거저리, 아메리카왕거저리, 아메리카동애등에, 집파리, 쌍별귀뚜라미, 왕귀뚜라미, 누에나방, 깔다구과 유충 및 그 밖에 농림축산식품부장관이 정하여 고시하는 곤충	
8. 그 밖의 용도 곤충	오배자면충, 구리금파리 및 그 밖에 농림축산식품부장관이 정하여 고시하는 곤충	

A: 당시 가축에 포함되는 곤충은 '곤충 산업의 육성 및 지원에 관한 법률'에 따른 유통·판매가 가능한 곤충 14종으로 갈색거저리, 장수풍뎅이,

흰점박이꽃무지, 누에, 호박벌, 머리뿔가위벌, 애반딧불이, 늦반딧불이, 넓적사슴벌레, 톱사슴벌레, 여치, 왕귀뚜라미, 방울벌레, 왕지네 등이다. 이들은 모두 생산·유통 중인 토종 곤충으로 사육법 개발·보급이 어느 정도 이뤄지고 생태환경 위해 우려가 낮은 종들이어서 우선 포함했다.

Q: 그 이후에 더 추가된 것은 없나?

A: '음식물쓰레기 해결사'로 불리는 환경 정화 곤충 아메리카동애등애가 2023년에 가축으로 인정받았다. 동애등에는 80%를 수입에 의존하는 축산용 배합 사료와 펫 푸드 산업, 나아가 유용한 고단백 항생 물질을 활용하는 의약품 산업 분야에서 주목해 온 곤충이다. 그리고 이번에 벼메뚜기도 식용 가축으로 인정받게 되었다.

Q: 그럼 모두?

A: 2024년 8월 현재 국내법상 가축으로 등록된 동물은 총 51종이다. 그중 가장 최근에 가축으로 등록된 것은 2023년 9월에 추가된 벼메뚜기와 아메리카동애등에 등 2종의 곤충으로 가축으로 인정된 곤충은 16종에 이른다. 곤충이 가축으로 인정받는 것은 식품 산업과 환경 보호를 포함한 여러 분야에서 새로운 가능성과 긍정적인 영향을 미칠 것으로 크게 기대된다.

[제안]

그간 곤충은 통칭 '작은 가축(Little Cattle)'이라는 또 다른 이름을 얻었다. 2013년 유엔식량농업기구(FAO)가 처음으로 그렇게 붙여 줬다. 이제는 곤충을 덩치를 기준으로 볼 것이 아니라 식량 위기의 대안 식품으로 인류를 구할 미래식품인 점을 들어 '큰 가축'이거나 환경 친화적인 단백질 공급원이라는 긍정적 관점에서 '착한 가축'이라 불러도 좋을 것 같다.

<그림 1-20> 곤충도 가축이므로 축산업 혜택을 받을 수 있다는 안내 포스터(출처: 농림축산식품부)

[참조]

「축산법」에 따라 가축이 된 곤충을 사육하는 농가는 축산 농가로, 곤충 사육 시설은 축산 시설로 제도적 혜택을 누릴 수 있다. ①자경 농민(2년 이상 영농에 종사한 사람 또는 후계 농업 경영인)이 농업용으로 직접 사용하기 위해 축사를 취득하는 경우 취득세와 지방교육세는 50% 감면, 농어촌특별세는 비과세 혜택이 있다. ②또한, 산지(山地)에 곤충 사육 시설을 설치할 경우 전용할 수 있는 면적이 넓어지는 효과가 있다. 가축에 포함되는 곤충의 경우 해당 곤충의 사육 시설이 축산 시설로 간주되므로 부지 면적 3만 제곱미터 미만 범위 내에서 산지 전용 허가를 받을 수 있다. 다만, 축산법에 따른 가축에 포함되지 않는 곤충은 이전과 같이 부지 면적 3천 제곱미터 미만의 범위에서 산지 전용 신고 대상이다.

●●● 사육 시설과 출하 관리는 어떻게 하나요?

Q: 사육실은 어떤 기준을 충족해야 하며, 다른 용도로 사용되는 곤충과의 공간 분리는 어떻게 이루어지나요?

A: 곤충의 사육에는 온도와 습도를 조절할 수 있는 시설이 필요합니다. 사육실은 식용, 학습 및 애완용, 사료용 곤충을 구분할 수 있도록 설계되어야 합니다. 주변에 오염 요인이 없도록 주의해야 합니다.

Q: 사육 시설과 관련된 청결 관리는 어떻게 이루어져야 하나요?

A: 사육실과 도구는 정기적으로 세척 및 소독해야 하며, 항상 청결 상태를 유지해야 합니다.

Q: 곤충의 먹이는 어떻게 보관되어야 하나요?

A: 곤충의 먹이는 별도의 청결한 실내 공간에서 청결하게 보관돼야 합니다.

Q: 사육 일지에 어떤 정보를 기록해야 하며, 이 기록은 어떻게 보관되나요?

A: 식용 곤충 및 사료용 곤충의 사육 일지에는 작업 날짜, 곤충 종류 및 수량, 사육실 온도 및 습도, 세척 및 소독 내용, 먹이 정보 등을 포함하여 기록되어야 합니다. 이러한 사육 일지는 작성일로부터 2년 동안 보관하여야 합니다.

Q: 어떤 식용곤충은 출하 시기가 정해져 있는데 만약 이를 지키지 못

했을 때는 어떻게 하나요?

A: 흰점박이꽃무지 유충과 장수풍뎅이 유충은 부화 후 각각 100일 및 180일 이내에 출하되어야 합니다. 다만 그 기간이 지난 후에도 90일 이내에는 10℃ 이하의 온도에서 냉장 보관할 수 있습니다.

Q: 유통 또는 판매 가능한 곤충의 병충·해충 관리는 어떻게 하나요?

A: 곤충의 사육기준 중 병충·해충 관리는 다음과 같습니다.

① 병충·해충으로부터의 예방을 위하여 정기적으로 곤충의 특성에 따른 진단, 소독 등 예방조치를 하여야 한다.

② 곤충에 질병이 발생하여 확산될 우려가 있는 경우에는 즉시 격리 등 필요한 조치를 하여야 한다.

●●● 곤충은 산업에 어떻게 활용되고 있나요?

Q: 곤충은 다양한 방식으로 산업에 활용되고 있다는데 구체적으로 얘기해 주세요.

A: 곤충의 활용 분야로는 다음과 같은 것들을 들 수 있습니다.

① 치유 목적: 치유농장 등에서 정서적인 치유를 위해 정서 곤충이 사용됩니다. 곤충을 키우며 스트레스 해소나 마음의 안정을 찾는 사람들이 많이 있으니까요.

② 반려 곤충: 곤충에 관심이 있는 사람들은 반려 곤충으로 다양한 종

류의 곤충을 키우기도 합니다. 이는 곤충의 아름다움과 독특한 생태를 감상하는 취미로도 인기가 있어요.

③ 천적 곤충: 곤충은 농작물과 식물을 해충으로부터 보호하기 위한 천적 곤충으로도 활용됩니다. 이를 통해 농업 생산성을 높이고 농작물을 보호하는 데 도움이 됩니다.

④ 화분 매개 곤충: 일부 곤충은 식물의 수분(受粉)을 돕는 역할을 합니다. 이러한 곤충은 화분이나 정원에서 사용되어 식물의 생존과 성장을 지원하게 되죠.

⑤ 식용곤충: 곤충은 고단백질인데, 이는 영양분 섭취를 돕는 데 이상적이며 기능성 식품으로도 활용될 수 있습니다.

⑥ 의약품 및 특수 용도: 곤충은 항암, 항균, 항염증, 항비만, 골다공증, 면역력 증진 등 다양한 의약품 및 환자식이나 영유아 이유식과 같은 특수 용도 소재로도 사용될 수 있습니다. 곤충이나 곤충에서 추출한 화합물은 인간 건강에 긍정적인 영향을 줍니다.

⑦ 대체 식품: 현재 지구상에서는 육류와 어류 등의 동물성 단백질 공급에 대한 걱정이 높아지고 있지요. 식용곤충은 다른 단백질 공급원에 비해 더 적은 자원과 공간을 필요로 하며 빠른 번식과 생산이 가능합니다. 이러한 특성으로 인해 식용곤충은 지속 가능한 단백질 소스로서 주목받고 있습니다.

Q: 미래에도?

A: 이러한 다양한 활용 분야로 인해 곤충은 산업적으로 큰 관심을 받고

있지요. 그래서, 미래에는 더 많은 분야에서 곤충이 활약할 가능성이 있을 것으로 예상됩니다.

●●● 식량 확보, 그리고 끓는 지구도 식힐 수 있다고?

"'지구 온난화(global warming)' 시대가 끝나고 '끓는 지구의 시대(era of global boiling)'가 시작됐다"고 안토니우 구테흐스 유엔 사무총장이 강하게 경고했다. 펄펄 끓어오르는 지구를 구해야 한다는 섬뜩한 경고. 아니나 다를까 유럽연합(EU) 기후 변화 감시기구인 코페르니쿠스 기후변화서비스는 최근 전 세계 평균 지표면 온도가 1940년 관측 이래 가장 높았다고 밝혔다. 또한 미국 기상청(NSW)에 따르면, 2023년도에 미국 남서부와 동북부 지역은 열돔 현상으로 인해 기온이 38도 안팎까지 치솟았다. 이러한 상황으로 인해 전 세계 각국은 기후 위기에 맞설 필요성을 점점 더 크게 인식하고 있으며 극심한 기후 변화로부터 사회적, 경제적 피해를 줄일 수 있는 새로운 방안을 모색하고자 하는 목소리가 점점 더 커지고 있다.

2050년경 세계 인구는 대략 90억 명으로 예상되고 육류 소비량은 455만 톤에 이를 것으로 예측된다. 그러나 앞서 언급한 지구 온난화와 이상기후, 전통적인 축산물 생산 방식의 한계 등으로 인해 육류 생산량은 오히려 줄어들 것으로 예상된다. 이에 따라 많은 국가가 육류를 대체할 새로운 식량 자원으로 식용곤충을 주목하고 있다. 한편 기후 변화와 기후 위기 극복은 G-7이나 G-20 정상회담에서도 단골 메뉴에 오르내린 지 이미 오래다. 자, 질의응답으로 좀 더 자세하게 알아보자.

Q: 식용곤충은 지구 온난화와 환경에 어떤 영향을 미칠까요?

A: 식용곤충은 지구 온난화와 환경에 긍정적인 영향을 미칩니다. 식용곤충 생산에 필요한 투입 자원이 적고, 적은 양의 물과 사료만으로도 많은 단백질을 생산할 수 있어, 기존의 가축 생산 방식보다 환경 친화적입니다. 단백질 생산 효율을 가축과 비교해 보면, 가축은 1kg의 단백질을 생산하기 위해 소는 10kg, 돼지는 5kg, 닭은 2.5kg의 사료를 필요로 하는 반면, 곤충은 단 1.7kg의 사료만으로도 동일한 양의 단백질을 생산합니다. 더불어, 곤충의 단백질 함량은 쇠고기, 돼지고기, 닭고기 단백질 함량보다 높습니다. 게다가 작은 공간에서도 효과적으로 사육이 가능하고 생육 과정에서 이산화탄소와 암모니아 배출량이 적어 온실가스와 환경 오염을 감소시킵니다. 이러한 특성으로 인해 UN에서는 기후스마트농업의 일환으로 식용곤충과 사료 곤충을 꼽고 있습니다.

Q: 유엔식량농업기구(FAO)은 어떤 입장인가요?

A: FAO는 일찍이 식용곤충의 소비와 생산이 환경에 긍정적인 영향을 미칠 수 있다고 보고하면서, 식용곤충은 자원 효율성, 환경 친화성, 빠른 번식과 생산 사이클 측면에서 세계 인구 증가로 인한 식량 수요 증가에 대한 식품 및 단백질 공급원의 대안이라고 강조한 바 있습니다. 그렇습니다. 앞서 말씀드린 특성들을 종합적으로 고려하여 FAO는 식용곤

충이 지속 가능한 식품 생산 및 환경 보호의 효과적인 수단으로 사용될 수 있다고 보고 있습니다.

●●● 귀여운 애칭, 너 이름은 뭐야?

미래 대체 식품으로서의 식용 곤충의 한계를 극복하기 위해서는 심리적인 장애 극복을 위한 혁신적인 마케팅 기법이 요구되고 고품격, 고품질, 고부가 가치 식품으로 마케팅하는 전략이 필요하다. 실제로 서양에서는 'insect'라는 단어 대신 'bug'를 사용하거나 곤충의 부정적인 이미지를 상쇄하기 위해 새로운 이름을 붙이는 사례도 이에 해당하는 노력의 일부다. 그런데 우리나라 식용곤충에 애칭이 있다는 사실을 아는가? 애칭(愛稱)은 본래의 이름 외에 가족이나 연인, 친한 친구, 어린이나 아기 등을 친근하고 다정하게 부를 때 쓰는 호칭이다. 농촌진흥청에서는 식용곤충인 갈색거저리 애벌레와 흰점박이꽃무지 애벌레에 어울리는 애칭(닉네임)을 찾는 대국민 공모전을 2015년에 처음으로 실시했는데 그 결과 식용곤충에 어울리는 예쁘고 맛깔난 이름이 선정되었다.

Q: 고소애, 꽃벵이, 장수애, 쌍별이, 그리고 꿀데기 같은 애칭의 의미를 설명해 주세요.

A: 고소애의 본명은 '갈색거저리 유충'으로 고소애라 불리는데 이는 '고소한 맛을 내는 애벌레'라는 뜻이며, 꽃벵이는 '흰점박이 꽃무지 유충'의

'꽃'과 '굼벵이'를 합성한 이름입니다. 장수애는 '건강하게 장수할 수 있도록 도와주는 애벌레'를 의미하며, 쌍별이는 쌍별귀뚜라미의 특징을 강조한 이름으로 기억하기 쉽게 만들었습니다. 마지막으로 '꿀데기'는 '꿀을 먹고 자란 번데기'의 줄임말로, 꿀을 섭취하며 자란 수벌 번데기의 특성을 나타내는 순우리말입니다.

●●● 반려동물의 날도 없는데, 곤충은?

"아버지를 아버지라 부르지 못하고 형을 형이라 부르지 못하니 제가 어찌 떠나지 않을 수 있겠습니까?"라는 말은 조선 시대 홍길동전에서 나오는 이야기이다. 그렇지만 지금 대한민국 곤충은 당시의 길동이보다 처지가 훨씬 더 좋다고 할 수 있다. 왜냐하면 법적으로 어엿한 이름을 얻었을 뿐만 아니라 또 다른 가족이라며 많은 이들이 애지중지하는 반려동물에게도 없는 '곤충을 기리는 법정 기념 날'까지 있으니까 말이다. 경기도에서 매년 어린이날이 있는 주의 토요일을 2024년 5월에 '경기도 반려동물의 날'로 지정했지만 이는 어디까지나 법정기념일은 아니다.

역사를 잊은 민족에게는 미래가 없다 했던가. 하여, 그간 곤충 역사를 알아보자. 2009년 6월 23일에 경남 출신 강기갑 의원이 발의한 "곤충자원의 개발 및 이용 촉진에 관한 법률안"이 농림수산식품위원회에 상정되어 심사를 받았다. 처음에는 법안의 제목이 다른 법률과 중복될 우려가 있어서 "곤충산업의 육성 및 지원에 관한 법률"로 수정되었고, 이 법은

2010년 2월 4일에 법률 제10019호로 공포되어 2010년 8월 5일에 시행되었다. 이로써 대한민국에서는 최초로 곤충과 관련된 법안이 만들어졌다. 이 법률이 2019년에 개정되면서 국민에게 곤충의 환경적·영양적 가치와 곤충 산업의 중요성을 알리기 위해 매년 9월 7일을 “곤충의 날”로 정했다. 이 법 제7조의 2에 명기된 “국가와 지방자치단체는 곤충의 날의 취지에 맞는 행사와 교육 및 홍보를 실시하도록 노력하여야 한다”라는 규정에 의해 매년 이날에는 기념식, 심포지엄, 곤충 체험·홍보전 등 다양한 행사들이 진행되고 있다.

유쾌한 상상. 3월 3일이 무슨 날인지 아는가? 바로 우리 국민들이 선호하는 삽겹살을 먹는 날인 ‘삼겹살데이!’이다. 어찌 알겠는가. 앞으로 곤충 산업이 더욱 발전해 꽃벵이의 날, 고소애의 날이 각각 제정될지도 모른다. 바라건대, 곤충이 가진 잠재적 가치를 고려한다면 삼겹살데이와 같이 특화된 기념일이 정해지지 말란 법은 없을 것이다. 그런 차원에서 곤충의 날 히스토리를 복습하기 위해 Q&A로 별도 표기해 두었으니 참조하기 바란다.

Q: 2009년에 국회에서 발의된 “곤충자원의 개발 및 이용 촉진에 관한 법률안”이 어떻게 발전하여 현재에 이르렀나요?

A: 발의한 법안이 처음에는 다른 법률과 중복될 우려가 있어서 제목을 수정하여 “곤충산업의 육성 및 지원에 관한 법률”로 변경되었고, 2010년에 공포되어 시행되었습니다. 이 법은 2019년에 개정되면서 국민에게 곤충의 가치와 중요성을 알리기 위해 “곤충의 날”을 제정했습니다. 법

제7조의 2에 의해 매년 이날에는 다양한 곤충 관련 행사와 교육, 홍보가 진행되고 있습니다.

Q: 그럼 곤충의 날은 언제이고 그 의의는 무언가요?

A: "곤충의 날"은 매년 9월 7일로 정해져 있습니다. 이날은 곤충의 환경적 · 영양적 가치와 곤충 산업의 중요성을 국민에게 알리기 위해 마련되었어요. 실제 곤충은 생태계에서 중요한 역할을 함은 물론 식품, 의약품, 화장품 등 다양한 분야에서 활용되고 있어 그 가치를 인정하고 증진하기 위해 국가에서 곤충의 날을 만들어 기념하고 있답니다.

곤충 생산은 사료 대 식품 전환율 측면에서 우수한가요?

Q: 식용곤충을 생산하는 데 사료 효율성은 어떻게 되나요?

A: 곤충 생산은 사료 가성비는 우수합니다. 이 점이 바로 식용곤충을 생산하는 환경 이점이기도 하죠. 곤충은 포유류보다 식물 단백질을 곤충 단백질로 훨씬 효율적으로 전환할 수 있습니다.

Q: 곤충의 사료 대 고기 전환율은 어떻게 되나요?

A: 귀뚜라미와 같은 곤충은 1kg의 체중 증가를 위해 약 2kg의 사료가 필요합니다. 이와는 대조적으로, 1kg의 체중 증가를 위해 필요한 사료

량 즉, 사료 대 고기 변환율은 닭의 경우 2.5kg, 돼지의 경우 5kg, 소의 경우 최대 10kg에 달합니다. 이러한 수치를 실제로 먹을 수 있는 중량으로 조정하면 곤충을 섭취하는 것이 더 효율적인 환경적 이점을 가질 수 있다는 것이죠. 곤충은 사료를 더 효율적으로 활용하고, 더 많은 고기를 얻을 수 있도록 도와줍니다.

●●● 식용곤충 영양소의 생체 이용성(bioavailability)은 어떤가요?

Q: 먼저 곤충의 영양 성분은 어떤가요?

A: 곤충은 고단백, 고지방, 비타민, 미네랄, 그리고 섬유 함량이 높아 영양이 풍부한 식품 원료로 간주됩니다. 식용곤충의 영양 성분은 종에 따라 다양할 수 있으며, 동일한 곤충 종에 있더라도 식이, 변태 단계, 서식지, 그리고 환경 조건에 따라 영양가가 크게 다를 수 있습니다. 곤충의 단백질 함량은 주로 식이 종류와 변태 단계에 따라 달라지며, 일반적으로 돼지고기와 소고기(40~75g/100g 건조 무게)의 단백질 함량과 유사합니다.

Q: 곤충은 영양적으로 동물 기반 식품과 비교해 동등하거나 더 우수하다는 것이 많은 연구를 통해서 일관되게 보고되고 있습니다. 그렇다면 식용곤충의 영양소 소화와 생체 이용성은 어떻게 평가되나요?

A: 영양소 소화율과 생체 이용성은 매우 중요한 요소입니다. 어떤 식용

곤충이 실험실 분석에서 높은 수준의 영양소를 가지고 있더라도, 이 영양소들이 건강 촉진을 위해 우리 몸에서 효과적으로 활용되지 않는다면 소비자에게는 그다지 이점이 없을 것입니다. 실험실에서 영양 구성을 분석하는 경우, 어떤 영양소가 몸에서 어떻게 흡수되고 활용되는지에 대한 완전한 정보를 제공하지 못할 수 있습니다. 일부 식품학자들이 식용곤충을 우리들의 식단에 포함시키기 위해 이 분야에 관심을 두고 연구를 진행 중이지만 아직 이에 대한 정보는 다소 부족한 형편입니다.

Q: 어떤 요인들이 영양소 소화성 및 생체 이용성에 영향을 미친다고 보는지요?

A: 식용곤충의 영양소 소화성 및 생체 이용성에는 여러 요인이 영향을 미칩니다. 여기에는 식용곤충의 종류, 가공 방법, 항영양 물질 요소, 그리고 키틴 수준이 포함됩니다. 이러한 요소들이 어떻게 영양소의 소화율과 이용성에 영향을 미치는지에 대한 더 많은 연구가 필요합니다.

Q: 키틴(chitin)은 어떤 효과를 제공하고 어떤 부작용이 있을 수도 있나요?

A: 키틴은 항균, 면역 및 항암 활동과 같은 건강에 좋은 효과를 제공할 수 있지만 동시에 알레르기 반응을 유발하거나 줄일 수도 있는 양면성이 있습니다. 인간 위장관에 키틴아제(chitinase)가 존재한다고 보고되었지만, 이 효소는 곤충을 먹는 데 익숙한 사람들에게만 활성화됩니다. 귀뚜라미, 밀웜(T. molitor), 슈퍼밀웜(Zophobas morio)을 포함한 다양한 모델 시스템에서 키틴에 의한 항균 활동, 면역학적 반응 및 장내 미생물 변화가

나타났습니다. 물론 보고된 결과에는 다양한 구성 요소의 시나리오가 관여했을 가능성이 높습니다.

"굼벵이 술", 곤충주(昆蟲酒)는 마트에 없나요?

Q: 굼벵이 술은 먹어도 되나요?

A: 굼벵이 농장을 방문해 보면 대부분 굼벵이로 만든 술병을 신줏단지 모시듯 애지중지하시는 분들이 꽤 있습니다. 한 잔을 권하면 좀 꺼림직하지만 호기심에 마시곤 합니다. (음, 이 술에서 나는 특이한 비린 맛 때문에 두 번 다시는 먹고 싶지는 않습니다!) 실제 소셜미디어에는 굼벵이 술이 여러 가지 효능이 있다는 글들도 보입니다. 하지만 이러한 주장들은 과학적으로 전혀 검증되지 않았으므로 주의가 필요합니다. 말하자면, 지나친 과신은 금물!

Q: 곤충주 시장은 어떤가요?

A: 외국에서는 곤충주가 더러 있더라고요. 프랑스 어느 회사에서는 누에 담금주를 인터넷에서 팔고 있었습니다. 어쨌든 곤충주는 일부 국가나 지역에서 생산되고 판매되기도 하지만 전 세계적으로는 일반적으로 판매되지 않는 제품 중의 하나입니다. 바라건대, 우리나라에서도 향후 굼벵이 술의 알코올 발효 조건에 따른 이화학적 특성과 향기 성분 등과

<그림 1-21> 다양한 곤충으로 담근 술들
※출처: ① https://blog.naver.com/wjdthdtnr37/220818876853,② www.insectescomestibles.fr.③-④ https://drinkmemag.com/

같은 연구 논문들이 나와서 곤충의 유효한 생리 활성 물질이 듬뿍 담긴 곤충주에 대한 정보가 많이 제공되었으면 좋겠어요. 현재 식용곤충 업계가 판로 부족으로 큰 어려움을 겪고 있는 상황에서 곤충주는 새로운 시장을 개척할 잠재력을 가지고 있다고 보기 때문입니다.

Q: 신시장 개척이나 새로운 소비 창출도 좋지만?

A: 여하튼 식용곤충으로 담근 술을 마트에서 판다면 식용곤충산업에도 도움이 될 법도 하지만 현재 마트 그 어디에도 곤충주는 없습니다. 농림축산식품부와 한국농수산식품유통공사(aT)가 주최한 '2023 K-Sool 프리미엄 시음상담회'가 열렸었는데요. 이날 행사에서 주류 종류별로 품평회를 개최하고 우수한 업체에는 상을 수여했더군요. 곤충업계로서는 상당히 부러운 행사입니다. 여러 가지 과일을 이용해서 만들어진 과실주(果實酒)도 있던데 말입니다. 곤충주라고 안될 법이 있나요?

Q: 곤충주는 왜 주류로 인정되지 않을까요?

A: 주세법에 의한 주류의 종류는 1. 주정 2. 발효주류(탁주, 약주, 청주, 맥주, 과실주) 3. 증류주류(소주, 위스키, 브랜디, 일반 증류주, 리큐르) 4. 기타 주류 등으로 정의되어 있습니다. 따라서 곤충주는 이 주세법에 포함되어 있지 않기 때문에 유통 및 판매가 자체가 불법인 것이죠.

곤충을 새로운 식품 원료로 탄생시키는 짝꿍들

"곤충 가운데 식용으로 가능한 종류는 누에와 벼메뚜기가 전부였다. 그동안 식약청에서 이들 외의 곤충을 혐오 식품으로 묶었기 때문이다. 혐오 식품의 것을 식품 원료로 사용하기 위해서는 그 원료가 인체에 독성이 없이 무해함을 입증하여야 한다. 이를 위해서는 각 종별로 많은 비용과 과학적 실험, 그리고 시간이 필요하다. 그리고 그것을 근거로 식품 소재 등록을 추진해야 한다. 농촌진흥청의 연구 노력과 농림축산식품부의 농식품 산업 발전을 저해하는 '농식품 분야 규제개혁 추진계획'의 하나로서 식용곤충 식품 원료 허용을 위해 노력하였다. 이에 따라 벼메뚜기와 누에번데기로 한정된 식용곤충 식품 원료에서 가장 최근인 2014년 8월에 갈색거저리 그리고 9월에는 흰점박이꽃무지가 등록되었다. 농식품부는 그동안 민간에서 식용으로 이용해 온 곤충을 식품 원료로 활용할 수 있도록 식품의약품안전처 등과 관련 법 개정을 통한 개선을 추진하고 있다."

-『곤충사업』중에서.

위의 글은 곤충을 식품 원료로 사용을 위한 법적인 문제와 관련해서 2014년에 발간된『곤충사업』에 실린 내용을 그대로 옮겨 놓은 것이다. 2014년, 그로부터 불과 몇 년 사이에 과학적 입증을 거쳐 식품 원료로 등록시킨 곤충이 무려 10종에 이르렀다. 이 중 풀무치는 한시적 인정 원료이며, 나머지는 모두 일반 원료로 인정받아 오늘에 이르고 있다.

여기서 잠깐. "한시적 인정제도"는 국내에서 식품으로 섭취 경험이 없는 원료에 대해 안전성 등을 평가하는 것으로, 새로운 식품 원료로 인정받게 되면 식품공전 등재 전까지 한시적으로 사용할 수 있다. "새로운 식품 원료 인정제도"란 새로운 식품 원료의 안전성을 평가하여 신청자에 한하여 한시적으로 식품 원료로 사용할 수 있게 인정하는 제도이다. 인정된 원료는 신청자에게만 효력이 있다. 즉, 동일한 원료라도 인정받지 않은 자는 제조·수입할 수 없다. 또한 새로운 식품 원료 인정은 한시적이기 때문에 식품공전에 해당 원료가 등재되면 인정의 효력이 없어지며, 모든 사람이 사용할 수 있다. 인정 대상은 국내에서 식용 근거가 없는 농산물, 축산물, 수산물, 미생물 등과 농산물, 축산물, 수산물 등으로부터 추출·분리·배양 등의 방법으로 얻은 것으로서 식품으로 사용하려는 원료이다. 단, 식품의 원료만 인정 대상이며, 최종 제품은 대상이 되지 않는다.

이들과 관련된 사항은 식품위생법 제7조 제2항 및 식품위생법 시행규칙 제5조 및 식품 등의 한시적 기준 및 규격 인성 기준(식약처 고시)에 규정되어 있다.

자, 곤충을 새로운 식품 원료로 만드는 사람은 도대체 누굴까? 호기심을 자극하는 곤충 식재료! 곤충을 식품으로 승격시키는 분들은 식품의약품안전처와 농촌진흥청에 계신다. 그렇다면 곤충이 식재료로 탄생하기까지 두 부처는 어떤 노력을 기울였을까? 새로운 식재료가 등장했다 하더라도 그 안전성이 보장되어야 식품의 원료로 활용이 가능하다. 그래서 새로운 식품 원료로 인정받기 위해서는 식품 표준화 연구, 안전성 연구 등이 선행되어야 한다. 또, 식품 원료 인정에 앞서 농촌진흥청에서 식용곤충의 특성, 영양성, 독성 평가, 사육, 제조공정 표준화 등을 진행한다. 이러한 연구 결과를 토대로 식품의약품안전처에서는 국내외 인정, 사용 현황, 인체 영향 자료 등 안전성 자료를 종합 검토해 식용곤충을 새로운 식품 원료로 인정한다. 가장 최근에 식용곤충으로 인정받을 풀무치의 경우 연구 기간이 무려 2년이 넘게 걸렸다고 한다, 정부 두 부처와 관계자 두 짝꿍 간의 호흡이 척척 맞지 않고서는 그야말로 어려운 일이다. 이처럼 하나의 식품 원료가 우리의 식탁에 오르기까지 많은 노력과 시간이 든다. 앞으로도 지속적인 노력과 연구를 통해 더 많은 곤충 종류를 식품 원료로 등록할 수 있기를 바라면서 곤충 산업의 성장과 혁신에 큰 역할을 해 온 식품의약품안전처와 농촌진흥청 연구자들의 헌신적인 노력에 경의를 표한다.

Q: 새로운 식품 원료 인정제도는?

A: 새로운 식품 원료 인정제도는 국내에서 식품으로 섭취 경험이 없는 원료에 대해 안전성 등을 평가하는 것으로, 새로운 식품 원료로 인정받게 되면 식품공전 등재 전까지 한시적으로 사용할 수 있습니다.

Q: 새로운 식품 원료의 인정 신청 대상은 어떻게 되나요?

A: 국내에서 식용 근거가 없는 농산물, 축산물, 수산물, 미생물 및 그 가공품 그리고 국내에서 사용 가능한 식품 원료이지만 추출, 농축, 분리, 배양 또는 새로운 공정 등이 사용된 가공품입니다. 다만, 식품의 원료만 인정 대상이며, 최종 제품은 대상이 되지 않습니다.

Q: 그럼 열 번째 식용곤충으로 인정받은 풀무치는 어떻게 진행되었나요?

A: 우선 농촌진흥청은 약 2년간 풀무치의 기원과 개발 경위, 국 내·외 인정과 시용 현황 자료 조사, 사육 방법, 제조 공정 표준화, 원료 특성, 잔류 농약, 중금속, 병원성 미생물, 알레르기 유발 물질 검사, 독성시험, 섭취량 평가 자료 등 안전성과 영양 성분 입증 연구를 수행했습니다. 이 연구 결과를 바탕으로 식품의약품안전처는 약 8개월 동안 국내외 인정 및 식용 현황, 인체 영향 자료 등의 안전성 자료를 검토하고, 전문가 의견을 수렴하여 과학적인 평가를 거쳐 '풀무치'를 새로운 식품 원료로 인정했습니다. 이 과정을 통해 풀무치가 안전하게 인식되고 공식적으로 식품 원료로 사용될 수 있게 되었습니다. '전례적 식용 근거로 원료 인정'을 받은 벼메뚜기, 백강잠, 식용누에유충·번데기를 제외한 식용곤충

은 모두 풀무치와 같은 이러한 엄격한 절차를 거치게 됩니다.

제2편

약이 되는 곤충

작은 고추가 더 맵다

곤충을 이용한 의료 물질

●●● 곤충 유래 약리 활성 물질 개발 현황

곤충이 의약용으로 이용되는 경우는 주로 한방약이다. 생물을 의약용으로 이용한 것은 '본초강목'에서의 기록을 시작으로 오랜 역사가 있다. 『본초강목』은 이시진(李1時珍, 1590)이 집대성한 것으로, 대부분이 식물로 1,892종이 수록되어 있고 곤충에 대한 내용도 포함되어 있다. 일본에도 1970년『대화본초(大和本草)』에 1,366종이 수록되어 있다.

서양에서는 히포크라테스가 수종, 뇌졸중, 황달 치료에 곤충을 처음으로 이용했다. 말벌과의 말벌아과 장수말벌과 쌍살벌아과는 혈액 응고 촉진, 심장의 운동 강화, 혈압 강하, 이뇨 등에 효과가 있으며 항염증, 치통 등에도 효과가 있는 것으로 알려져 있다. 오배자는 충혹으로 탄닌을 많이 함유하고 있고, '본초강목'에는 피로, 잠잘 때 흘리는 땀, 소아의 구토, 설사, 하혈, 혈뇨, 치통 등에 효과가 있다고 기술하고 있다. 누에똥을 건조해서 분쇄하여 먹으면 관절염, 월경 불순에 좋고, 술에 타 먹으면 산후 젖이 잘 나오고, 중풍, 결막염과 가려움증에도 좋다고 한다. 동충하초는 여러 곤충에 동충하초균이 기생하여 여름에 자실체가 발생한 것이다. 벌레와 버섯이 한 몸 형태인 것이 사람들에게 흥미를 일으켰고, 특히 중국에서는 이것을 불로불사의 약으로 귀하게 여기고 있다. 동충하초를 건조해 물에 타거나 술에 담가 먹으면 폐결핵, 빈혈, 천식, 식욕부진 등에 효과가 있다고 보고되고 있다. 또한 중국에서는 약용만이 아니라 식용으로도 쓰이고 관광 상품으로도 인기가 있어 높은 가격에 판매되고 있다. 일본의 동충하초는 매미에서 기생하는 것을 이용하고 있으며, 진통, 해열, 눈병에 좋다고 한다. 우리 선조들도 일부 곤충류를 각종 질병 치료의 목적이나 건강 유지를 위한 민간 약제로 이용했다. 조선 시대 의학서인 허준의 『동의보감(東醫寶鑑)』 탕액편 충부(蟲部)에는 95종의 약용곤충이 소개되어 있다.

최근에는 곤충류가 생명공학 기술 및 신물질 분석 기술의 발전과 함께 새로운 의약품 개발의 원천으로 주목받고 있다. 1996년 프랑스 과학자들은 초파리에서 병원균 감지 단백질인 '톨(Toll)'을 발견했다. 곰팡이에 감염되면 정상적인 초파리는 아무 문제 없이 자라지만 Toll 단백질을 만들지 못한 초파리는 곰팡이에 뒤덮여 죽었다. Toll 단백질은 곰팡이의 침입을 감지해 항균 물질을 분비한다. 이를테면 정찰병 역할을 하는 것이다. 프랑스에서는 이를 이용해 세균 감염 여부를 알아내는 진단 키트를 개발했다. 영국 노팅엄 대학의 사이먼 리(Simon Lee) 연구원은 바퀴벌레의 뇌 조직과 신경계에는 항생제에 내성을 가진 슈퍼박테리아를 죽일 수 있는 강력한 항생 물질이 들어 있음을 밝혀냈다. 여기서 밝혀진 강력한 항생물질은 슈퍼박테리아의 하나인 메티실린내성황색포도상구균(MRSA)을 90%까지 죽일 수 있는 것으로 시험관 실험 결과 확인됐으며, 현재 아시네토박터, 슈도모나스, 버크홀데리아 같은 슈퍼박테리아 실험을 통해 이 항생 물질의 작용기전을 밝혀내기 위한 연구를 진행 중이다. 바퀴벌레는 각종 박테리아와 만날 수 있는 비위생적 환경에서 살고 있는 만큼 이러한 미생물에 대항할 수 있는 무기를 가지고 있다는 것은 어쩌면 당연한 일이라고 리 연구원은 말했다. 중국에서는 전갈, 수질(거머리), 선퇴(매미 허물), 오공(지네), 자충(왕바퀴과) 등의 동물 생약 5종과 인삼, 작약, 용뇌 등 식물 생약 3종으로 구성된 혈관질환 예방과 치료를 동시에 해결할 수 있는 한방 생약 제재를 개발했다. 이 생약 제재는 중국 의학계에서 중대한 학술적 성과로 평가받고 있으며, 현대 의학 차원에서 실시된 다기관 임상시험을 통해 뇌혈전증 환자 및 흉부 압박감, 심근경색증, 고지혈증 등 심장질환 치료에 뛰어난 효과가 입증됐다. 의약품으로는 유일하게 중국 정부로부터 '국가 과학기술진보상'을 받기도 했다.

일본 미에대 연구팀은 피를 빨아먹고 사는 흡혈 곤충에 주목하고 있다. 거북이벌레의 일종인 오오사시가메의 타액 속에는 혈액이 굳어지는 것을 막는 단백질이 들어 있다. 단백질을 혈액에 주입해 피가 응고되는 것을 막으면서 배부르게 피를 빨아 먹는 것이다. 연구팀은 이 단백질의 성질을 이용해 새로운 의약품을 만들고 있다. 혈액이 굳어 혈전이 생기는 것을 방지하는 뇌경색 치료제를 개발하는 것이 그 목표다. 또한 혈관을 부드럽게 하는 작용도 있기 때문에 고혈압 치료제 개발도 가능성이 있다.

또 다른 예로, 1860년대 미국 남북전쟁 당시 야전병원에서는 부상당한 병사들의 치료를 위해 환부에 구더기들을 사용했다. 특히 치료약이 부족하던 당시 병사들의 외상에 구더기가 톡톡한 효자 노릇을 한 셈이다. 그렇지만 1900년대 페니실린 발견과 함께 항생제가 개발되면서 구더기는 혐오 생물로 다시 전락했다. 그러나 최근 항생제 남용으로 항생제 내성이 생기는 사람들이 늘어나자 의학계는 다시 구더기를 이용한 치료에 관심을 보인다. 미국 병원들은 특히 당뇨병이나 불의의 사고로 절단 수술을 받은 환부의 빠른 회복을 위해 구더기를 사용하기도 한다. 영국에서는 당뇨병으로 다리에 발생하는 합병증인 '궤양'에 구더기를 활용하는 실험을 하고 있다. 당뇨병으로 인해 다리에 발생하는 궤양은 일반적인 방법으로 치료가 어려웠다. 그러나 구더기가 난치병 치료의 길을 열어 줄 것으로 기대된다. 핀셋으로 구더기들을 절단된 부위에 놓고 캐스트로 봉하면 득실거리는 구더기들의 본격적인 활동이 시작된다. 그리고 며칠 후 캐스트를 열면 구더기들이 꽤 성숙해 있고, 상처 부위는 회복이 진전됐다. 이런 구더기 치료가 조직이 썩어 기존에는 절단해야 할 부위를 재생시켜 절단 수술을 예방하는 역할도 할 것으로 보인다. 구더기 분비물 연구 중 구더기가 썩은 조직을 먹으면서 내놓는 분비 물질에 대해 과학자들이 주목하고 있다. 사실상 구더기 치료를 적용할 수 있는 부위는 상처가 밖으로 드러난 외상 정도에 불과하기 때문에 과학자들은 아예 구더기 분비물로 천연 치료제 개발을 추진 중에 있다. 구더기 분비물의 장점은 저렴하면서도 효과가 이미 입증됐기 때문에 질병 치료에서 항생제를 대신해 향후 중요한 역할을 할 것이며, 치료 영역도 확대될 전망이다.

한편 거머리 역시 치료용으로 사용되고 있다. 일례로 신체 일부가 절단됐을 때, 봉합 수술을 한 경우 절단된 부위를 살리는 경우에 거머리가 동원된다. 사고로 절단됐던 신체 부위를 봉합 수술을 한 후 절단됐던 부위에 거머리를 놓는다. 그러면 거머리들이 활동하면서 절단됐던 부위에서 피가 난다. 그러한 과정 중에 거머리 입에서 나온 혈액 응고 방지 물질이 신체 내로 들어가 피가 굳지 않고 흐르도록 해 준다. 즉, 거머리가 절단됐던 부위에 피의 흐름을 원활하게 해 줌으로써 해당 부위를 빠르게 회복시키는 기능을 하는 것이다.

최근 우리나라도 일부 학자에 의해 곤충으로부터 신약 개발의 가능성을 제시하고 있다. 부산대 이복률 교수팀은 갈색거저리 애벌레에서 멜라닌(melanin) 합성에 관여하는 단백질을 찾아냈다. 멜라닌은 무척추동물들이 가진 프로페놀옥시다아제(pro-phenoloxidase)라는 효소로부터 합성되는 물질이며, 박테리아나 곰팡이의 증식을 억제하고 살균 작용을 하는 중요한 생체 방어 물질이다. 그러나 멜라닌이 과도하게 합성되면 거꾸로 숙주에게 치명적인 독성을 나타내게 되므로, 조절 기능이 매우 중요하다. 더러운 환경에서 성장하는 구더기와 같은 무척추동물은 외부에서 침입한 병원균의 성장을 억제하기 위해 멜라닌을 합성한다는 사실이 국내외적으로 알려져 있으나, 그 정확한 생성기작 및 생물학적 기능이 규명되지 않았다. 특히, 무척추동물들은 외부에서 침입한 미량의 병원균을 신속하게 인식하고, 그 인식 신호를 증폭하여 자신을 방어하는 사실이 관찰되었으나, 어떤 병원균 인식 단백질이 어떻게 인식 신호를 증폭하는지는 구명되지 않았다. 이 교수 연구팀은 곤충에 존재하는 새로운 멜라닌 합성 조절 인자를 찾아 이들이 어떻게 멜라닌 합성을 조절하고, 합성된 멜라닌이 어떻게 생체 방어 단백질로 작용하는지를 규명했다. 연구 결과에 따르면 멜라닌 합성은 새로 발견된 두 종류의 단백질 효소인 세린프로아제인 SPH1(serine protease homologue 1)과 SPE(spatzle processing enzyme)에 의하여 조절된다는 사실이 입증되었다. 즉, SPE에 의하여 활성화된 SPH1과 페놀옥시다아제(phenoloxidase, PO)의 복합체가 멜라닌을 합성하는 주체라는 사실을 증명한 것이다. 또한, SPH1-PO 복합체가 멜라닌을 합성하는 과정에서 발생하는 활성 산소를 이용하여 강력한 살균 작용을 나타내는 새로운 사실도 입증하였다. 이것은 단백질 분해 효소로 작용하는 세린프로데아제 활성 부분의 아미노산에 변이가 일어난 세린프로아제 유도체가 무척추동물의 체내에서 과도한 멜라닌 합성이 유도되지 않도록 매우 정교하게 조절한다는 것을 새로이 입증한 것이다. 이 교수는 "이러한 연구 결과는 감염된 혈소판 수혈에 의한 패혈증 유발 등 현재 국내외 임상적으로 큰 문제가 되는 혈액제의 감염 여부를 간단히 진단할 수 있는 새로운 미생물 감염 진단제 개발의 핵심 기술로 이용될 수 있을 것"이라고 밝혔다.

일부 기업체는 이 단백질로 패혈증을 일으키는 혈소판 세균 감염을 확인할 수 있는 진단 키트를 개발 중이다. 한국생명공학연구원의 박호용 박사팀은 거미가 먹이를 섭식, 소화할 때 분비하는 매우 강력한 소화액은 생체 분비와 함께 장내 미생물에 의해서 생성된다는 사실을 처음으로 밝혀내고, 무당거미(Nephila clavata)로부터 고효율 단백질 분해 효소를 세계 최초로 분리했다. 아라자임(Arazyme)이라 명명한 이 효소는 상온에서는 물론 상대적으로 광범위한 온도, pH, 염분 농도, 기주 단백질에서도 높은 활성을 나타내며 독성이 없을 뿐만 아니라 천연항생 및 소염 활성도 지니고 있어 산업 분야에 광범위하게 활용되고 있다. 이와 같은 장점으로 아라자임은 식품 가공 공정뿐만 아니라 동물 사료 첨가제로서 매우 효과적으로 이용할 수 있는데, 즉 사료 효율을 획기적으로 향상시켜 사료 가격이 대단히 큰 비중을 차지하는 현실에서 축산 경영 비용을 절감할 수 있고, 사료의 소화 효율 증가로 인한 질병 예방 및 환경 오염 저감 효과도 기대할 수 있다. 현재 아라자임을 이용한 관련 제품은 국내외 양돈, 양계, 양어 사료 시장에 성공적으로 사업화 되었다(국산신기술 KT인증). 또한 아라자임은 다양한 환경 조건에서 광범위한 기주 단백질에 대해 활성을 보이는 특성으로 인체 피부에서 케라틴이 주성분인 각질이 과도할 경우 scrub 등 물리적인 방법이나 AHA 등 화학적인 방법을 대신하여 안전하고 효과적으로 피부를 관리할 수 있는 생물학적 효소제로서 주목 받고 있으며(미국 CTFA 등록), 많은 관련 생활용품 및 화장품 등이 개발되어 세계 여러 나라에서 판매 중이다. 그 밖에 아라자임은 간기능 보호 효과, 관절염 치료 예방 효과, 항암 효과 등의 가능성을 확인하고 다양한 분야에서 식·의약 소재로 활용하기 위한 단계를 추진 중이다. 현재 미국, EU 등 주요국에 관련 특허가 출원되거나 등록되었다.

하늘소 유충은 나무속에서 짧게는 몇 개월, 길게는 몇 년간을 목질부와 수액을 섭식하며 살아간다. 이에 착안하여 한국생명공학연구원에서는 보통 동물들은 분해하기 힘든 목질부를 효과적으로 분해, 이용할 수 있는 고효율 효소 xylanase를 털두꺼비하늘소로부터 개발했으며, 이는 다음과 같은 이유로 매우 중요한 응용 가능성을 제시하고 있다. 자연계에 존재하는 fixed carbon의 최대 저장고인 식물 세포벽은 다음과 같은 3가지의 중요한 합성물, Cellulose (불용성 beta-1,4-glucan fiber), hemicellulose (glucan, mannan, xylan을 포함하는 noncellulosic polysaccharices), 그리고 lignin (a complex polyphenolic structure)로 구성되어 있다. 이러한 구조로 인하여 식물의 세포벽인 lignocellulose 구성 성분 중에서 cellulose가 가장 많이 존재하고 그 다음으로 xylan 주성분인 hemicellulose가 많이 존재하여 이들 두 성분이 전체 plant biomass의 50% 이상을 차지하고 있다. 돼지나 닭 같은 단위 동물은 이러한 식물 세포벽을 분해할 수 있는 효소를 가지고 있지 않아서 세포벽 내에 들어 있는 곡물의 전분이나 단백질 이용 효율이 매우 떨어진다. 저급 사료 원료의 경우 소화되지 않은 찌꺼기가 장내 융모에 그대로 남아 있음으로 인해서 설사 및 질병에 쉽게 걸리는 문제점이 있고, 사료 원료 소화를 제대로 하지 못해 설사에 의한 성장의 정체 및 폐사 손실 요인이 크다.

민간에서 흰점박이꽃무지(굼벵이)와 장수풍뎅이 유충이 간 기능을 활성화하여 간 보호 효과가 있는 것으로 알려져, 이를 즙으로 다려서 판매하는 농가가 다수 있는 것으로 파악된다. 그러나 그 성분과 기능이 정확히 알려지지 않고 있다. 한편, 곤충은 불포화 지방산을 다량 함유하고 있는 고품질의 단백질원으로 중국, 태국 등 아시아 지역뿐만 아니라, 아프리카 및 유럽 각국에서 전통적으로 식용으로 이용되고 있다. 현재 중국과 태국에서는 물방개, 솔나방을 비롯해 여러 곤충들이 요리의 재료로 이용되고 있고, 아프리카와 아랍의 여러 국가에서는 메뚜기를 식용으로 이용하고 있고, 우리나라에서도 누에나방의 번데기와 메뚜기 등이 오랜 기호식품으로 이용되고 있다. 중국에서는 이미 3천 년 전에 개미를 요리의 재료로 사용했던 기록이 있고, 세계적으로 약 3,600 여종의 곤충이 식용으로서의 가치가 있고, 이중 약 370 여종이 현재 식용으로 이용되고 있는 것으로 보고되고 있다. 이렇듯 곤충은 단백질과 아미노산이 풍부하고 광물질 미량원소, 비타민, 효소 등도 다량 함유하고 있어 식용 자원으로 매우 가치 있는 자원으로 인식되고 있다.

이와 같이 곤충은 약용 및 식용 자원으로 세계 각국에서 이용되어 왔다. 최근 곤충의 약용 및 식용 자원으로서 가치에 대한 사람들의 인식이 증가하고 있는 상황이므로 곤충 추출물을 통한 신약 후보 물질 선발 및 천연물 신약 개발, 고기능성 항생 펩타이드를 이용한 천연항생제 개발, 첨단 융복합 연구를 통한 인체 적용 바이오 신소재 개발이 절실한 상황이다.

●●● 자연 항생제, 항균 펩타이드

인간을 포함한 고등생물들은 선천성 면역체계와 적응성 면역체계를 효과적으로 이용하여 미생물에 대한 감염으로부터 자신을 방어해 왔다. 척추동물이 선천성 면역과 적응성 면역을 모두 사용하고 있는 것과 달리 무척추동물과 식물들은 척추동물에 비해 항체를 생산하지 못하고, 외부의 항원에 대한 인식 분자로서 면역 글로불린을 이용하지 못하므로 항원에 대한 기억력이 결핍되어 있다. 즉 하등동물의 경우 선천성 면역계만을 이용하여 많은 병원 미생물들과 직접 접할 수 있는 비위생적 환경 아래서도 성공적으로 생존해 나가고 있다는 사실을 통하여 선천성 면역계가 면역체계에서 매우 중요한 위치를 차지하고 있음을 알 수 있다.

곤충의 방어 메커니즘은 크게 두 개의 그룹으로 나눌 수 있다. 첫 번째는 비특이적 면역으로 표피층(cuticular layer) 같은 구조적이며 수동적인 장벽, 장의 물리 화학적 특성과 위식막(peritrophicmembrane, PM)을 들 수 있다(Chapman 등, 1998). 두 번째는 세포성과 체액성 면역과 관련된 특이적 면역 시스템이다. 세포성 면역은 세균, 곰팡이, 선충을 포함한 원생동물에 대한 식균 작용, 결절과 캡슐 형성을 포함한다. 반면에 체액성 면역은 프로페놀옥시데이즈(prophenoloxidase) 작용, 라이소자임(lysozyme), 렉틴(lectin)과 항세균 및 항진균 단백질과 같은 면역 단백질의 유도와 관련된다(Gillespie 등, 1997).

최근 항생제의 남용으로 인하여 저항성을 나타내는 세균이 출현하면서 슈퍼박테리아와 같이 현재 사용되고 있는 대부분의 항생제에 내성을 갖는 균주가 새로운 항생제의 개발 속도보다 빠르게 나타나고 있다. 세균의 감염을 막기 위한 노력은 항생활성을 갖는 화학 물질을 사용하는 한 끊임없이 이루어져야 할 것이고, 이를 극복하기 위해서 항생제에 대한 내성을 갖지 못하게 하는 것이 아니라 항생제 내성을 갖는 속도를 줄이며, 내성이 확산되지 못하게 하는 노력이 필요하다(Andreu and Rivas, 1998; Hancock and Diamond, 2000; Hancock and Scott, 2000; Zasloff. 2002). 항균 펩타이드는 미생물 종류에 상관없이 몇 시간 내에 작용하고, 면역, 거부 반응, 내성 등의 문제 없이 자연적으로 생성된 자연 항생제로 알려져 있다. 많은 연구자들은 세균의 감염에 대해 효과적인 대응책으로 기존의 화학 물질의 항생제와는 구별되는 새로운 개념의 항생제인 항균 활성을 갖는 펩타이드를 선발하려는 연구를 진행하고 있으며, 자연계에서 가장 번성한 생물종이면서 다양한 생태 환경에 대한 적응 능력이 뛰어나고 효과적인 방어 수단을 갖고 있는 곤충으로부터 생체 방어 물질을 탐색하여, 새로운 항균활성 펩타이드를 선발하는 연구가 활발히 이루어지고 있다(Epand 등, 1995; Epand과 Vogel, 1999; Oren과 Shai, 1998; Tossi 등, 2000).

곤충에서 발견된 항균 펩타이드

최근 농촌진흥청에서는 애기뿔소똥구리로부터 강력한 펩타이드성 항생물질을 분리했다. 이 물질은 농작물 및 인체 유해균을 비롯해 기존 항생제에 내성이 생기는 세균에도 효과가 있었다. 또한 실험용 쥐의 피부에 상처를 내 포도상구균을 감염시켜, 개발한 펩타이드성 항생 물질을 처리한 결과 기존 항생제인 암피실린보다 상처 치료 및 피부 재생 효과가 우수했다. 이밖에 급성 위막성 대장염을 일으키는 클로스트리디움 디피씰균에 대해서는 기존 치료제인 뱅코마이신보다 활성이 높고, 이 균을 직접 감염시켜 유발한 생쥐 장염 모델에서도 치료 효과가 매우 높다는 것을 검증했다(Kang 등, 2011). 최근에는 차세대 시퀀싱 기술을 이용하여 곤충의 전사체 또는 유전체 분석을 통해 새로운 항균 펩타이드들을 선발하고자 하는 시도들이 있었다. 예를 들면 벼메뚜기의 면역화시키지 않은 개체와 대장균으로 면역화시킨 개체를 이용하여 RNA 시퀀싱을 통해 전사체를 분석했고 전사체 분석 결과를 토대로 전사체 유래 생리 활성 펩타이드들을 선발했다(Kim 등, 2016).

흰점박이꽃무지 유래 항균 펩타이드는 RNA 시퀀싱을 도입하기 전인 2006년에 흰점박이꽃무지 유충으로부터 cDNA 라이브러리 스크리닝을 통해 곤충 디펜신(defensin)을 처음으로 클로닝하고 프로테티아마이신(protaetiamycine)으로 명명했다(Hwang 등, 2008). 흰점박이꽃무지 유충의 경우 전사체뿐만 아니라 유전체 염기서열을 해독하여 유전체를 분석했고(Lee 등, 2021) 프로테티아마이신 9이 대식세포주인 Raw264.7 세포에서 LPS에 의해 유도되는 염증 반응에 탁월한 항염증 효과를 나타내었다.

장수풍뎅이의 경우는 선발한 항균 펩타이드들은 대장균과 포도상구균 및 칸디다 진균에 광범위한 항균 활성을 나타내었으며, 랫트의 적혈구를 이용한 용혈 활성에서 용혈 활성이 없는 것으로 확인되었다(Lee 등, 2019).

아메리카왕거저리 유충에서 선발한 항균 펩타이드들은 대장균과 포도상구균 및 칸디다 진균에 광범위한 항균 활성을 나타내었으며 랫트의 적혈구를 이용한 용혈 활성에서 용혈 활성이 없는 것으로 확인되었다(Lee 등, 2021).

풀무치의 경우, 선발한 항균 펩타이드들은 대장균과 포도상구균 및 칸디다 진균에 광범위한 항균 활성을 나타내었으며 랫트의 적혈구를 이용한 용혈 활성에서 용혈 활성이 없는 것으로 확인되었다(Lee 등, 2021)

항균 펩타이드의 작용 기작

항균 펩타이드(antimicrobial peptide)는 약 12~50개 정도의 아미노산으로 이루어져 있으며, 전하를 가진 부분과 소수성 부분을 가지는 구조적 특성을 가지고 있는 저분자의 단백질성 물질이다. 항균 펩타이드는 지구상의 거의 모든 생물체에서 발견되고 있으며, 이들 생명체에의 선천성 면역 체계에서 매우 중요한 역할을 하는 것으로 알려져 있다. 현재까지 수많은 종의 생물체로부터 발견된 항균 펩타이드는 bacteria, fungi, protozoa, virus 등의 미생물에 대해 그 작용 범위가 매우 넓을 뿐만 아니라, 그 특이한 작용 기작 때문에 최근 사회적 문제로 대두되고 있는 항생제 남용으로 인한 항생제 저항성 문제를 해결할 수 있는 중요한 항생 물질로 각광 받고 있는 실정이다.

항생 펩타이드의 항생 활성은 미생물의 세포막에 대한 특이적인 작용에서 기인하는 것으로 알려져 있다. 그동안의 많은 연구를 통해 밝혀진 이러한 항생 펩타이드의 세포막에 대한 작용은 크게 barrel-stave, carpet, toroidal-pore의 세 가지 모델로 구분될 수 있다(그림 2-1). 항생 펩타이드의 다양한 작용 기작을 이해함으로써 더욱 강력하며 부작용이 없는 새로

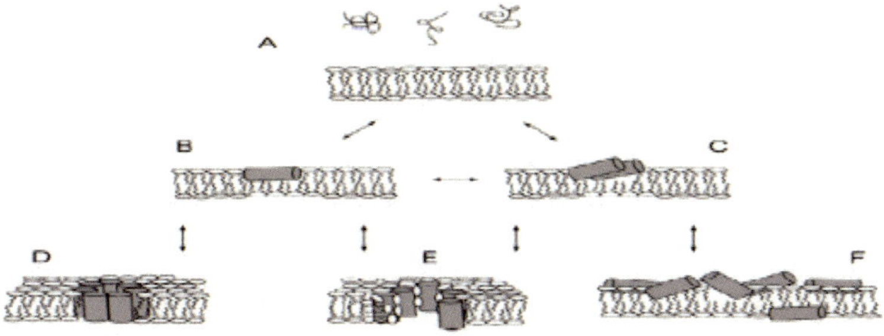

<그림 2-1> A-C; 항생 펩타이드와 세포막의 결합의 모식도, D; barrel-stave model, E; toroidal wormhole model, F; Carpet model.

운 항생제를 개발하는 데 더욱 유용한 정보를 얻을 수 있을 것으로 생각된다.

곤충 항균 펩타이드의 적용 및 응용

펩타이드는 아미노산이 '펩타이드 결합(peptide bond)'으로 연결된 물질을 말하며, 일반적으로 분자량이 작은 단백질이나 아미노산의 수가 50개 이하인 경우를 펩타이드로 정의하고 있다. 이들 펩타이드는 생물 의약 및 화학 분야에서 치료제 또는 기능성 물질로 사용되는 주요한 소재이다.

곤충 유래 항균 펩타이드 역시 일부 의약품 개발을 위해서 임상시험이 진행 중에 있으며 그 가능성이 매우 클 것으로 여겨진다. 미국의 Entomed 사는 최근까지 100여 종의 곤충으로부터 175개 이상의 새로운 물질에 대한 연구를 진행하여 의약품 개발의 가능성을 검정했다. 국내에서도 배추흰나비, 풍뎅이, 소똥구리, 흰불나방, 흰점박이꽃무지 등 여러 곤충에서 항균 펩타이드를 분리하여 분자적 구조 및 특성에 관한 연구를 수행하고 있으며, 유전공학기술을 이용하여 미생물에서 대량 생산을 위한 시도를 하고 있지만 이들 항균 펩타이드를 이용한 치료제 개발 및 응용에 관한 연구는 극히 미진한 상태이다. 따라서 곤충 항균 펩타이드를 이용한 의약품 개발 및 산업적 응용을 위해서 고분해능 핵자기공명분광법을 이용한 펩타이드의 3차원 구조 분석, 이를 통해 인체에 무해하며 활성이 우수한 새로운 항균 펩타이드 변이체 개발 및 이의 임상시험을 통한 치료제 개발에 관한 연구의 필요성이 절실히 대두되고 있다. 또한 이와 병행하여 생물자원 확보 측면에서 다양한 국내서식 곤충 종으로부터 우수한 항균활성을 가지는 항균 펩타이드의 분리 및 개발에 보다 많은 지원이 뒤따라야 할 것으로 여겨진다. 항균 펩타이드는 새로운 개념의 차세대 항생제로 부각되고 있으며, 피부질환 치료제, 항암제, 항바이러스제, 농약, 식품첨가제, 방부제 등 다양한 분야에서 개발될 수 있는 가능성을 가지고 있다.

곤충을 이용한 식품 소재

●●● 곤충 이용 식품 소재 개발 현황

식용곤충(edible insect)이란 식용을 목적으로 하는 곤충을 통칭하며, 현재 아프리카, 아시아, 남아메리카 및 호주 등의 많은 지역에서 동물성 단백질과 필수아미노산 및 미량 영양소 섭취를 위해 메뚜기, 흰개미, 딱정벌레 등의 다양한 곤충을 식용으로 이용하고 있다 (Bukkens, 1997). 식용으로 이용되는 곤충으로는 나비목(Lepidoptera), 딱정벌레목(Coleoptera), 메뚜기목(Orthoptera), 흰개미목(Isoptera)과 벌목(Hymenoptera) 등이 있다. 나비목 곤충은 앙골라, 나이지리아, 남아프리카의 페디, 호주 중북부, 수단, 파푸아뉴기니, 에콰도르, 멕시코, 태국 및 중국 등에서, 딱정벌레목 곤충은 앙골라, 콩고, 파푸아뉴기니, 가나, 필리핀, 태국, 콜롬비아, 멕시코 및 에콰도르 등에서, 메뚜기목 곤충은 말라위, 수단, 태국, 짐바브웨, 필리핀, 파푸아뉴기니, 에콰도르 및 멕시코 등에서, 흰개미목에 속하는 곤충은 앙골라, 카메룬, 케냐, 나이지리아, 짐바브웨, 필리핀 및 콜롬비아에서, 벌목에 속하는 곤충은 필리핀, 중국, 태국, 파푸아뉴기니, 에콰도르 및 멕시코 등에서 식용으로 이용되고 있다 (Bukkens, 1997).

이러한 식용곤충은 일반적으로 조단백질 함량이 50~60% 정도로 매우 높게 함유되어 있는 고급 단백질 공급원으로서의 중요성이 보고된 바 있다. 조지방 함량은 8.1~59%, 섬유소 함량은 4.9~12.1%, 그 밖의 풍부한 무기물(Fe)과 비타민 B 등을 함유하고 있으며 식용곤충의 종(species)

과 서식지에 따라 영양 성분의 함량 차이가 있을 수 있다(Bukkens. 1997, Pemberton, 1998, Yoo 등, 2013). 국제식량농업기구(FAO)는 세계 인구가 지속적으로 증가하여 2050년경 세계 인구가 90억 명에 달하여 현재보다 두 배 이상의 식량이 필요할 것으로 예상하므로 이를 대비하기 위한 새로운 식량이 필요하며 이에 적합한 것으로 곤충을 지목했다. 그 이유는 곤충은 가축에 비해 사육 면적이 적게 필요하므로 높은 토지 이용 효율을 보이고, 한 번에 수백여 개의 알을 낳으며 세대 순환이 빠르므로 짧은 시간에 대량 생산이 가능하기 때문이다. 또한 동일한 양을 생산할 때 필요한 사료가 육류에 비해 적기 때문에 경제적이라는 장점이 있다. 영양적 측면에서도 곤충은 소고기, 닭고기 등 기존 주요 단백질원의 대안이라고 생각할 수 있을 만큼 단백질이 풍부할 뿐만 아니라 혈행 개선 효과가 있는 불포화 지방산이 총 지방산의 70% 이상을 차지하고 있으며 칼슘, 철 등의 무기질 함량 또한 높아 영양적 가치가 높은 것으로 평가된다.

가축이 배출하는 온실가스양은 지구 전체 온실가스 발생량의 18% 이상을 차지하는데, 갈색거저리의 경우 1kg당 돼지의 10분의 1 정도의 온실가스를 생성함으로써 친환경적이라고 볼 수 있다 (Van Huis 등, 2013). KREI 자료에 따르면, 2024년 국내 축산업에 양잠업을 합친 축·잠업 생산액은 전년 대비 0.3% 증가한 25.5조원으로 전망되며, 2033년에는 29.2조원에 이를 것으로 예측된다. 그러나 아프리카돼지열병, 구제역, 조류독감 등으로 인해 안전한 식용 육류를 확보하기가 점점 힘들어지고 있으므로 육류 대체 식품에 대한 필요성이 점진적으로 증대되고 있으므로, 단백질이 풍부한 곤충은 육류에 대한 새로운 대안이라고도 볼 수 있다. 기존에 국내에서 식품의약품안전처(이하 식약처)의 식품공전에 등록되어 식용으로 유통 및 판매가 가능한 곤충은 누에(Bombyx mori) 번데기와 백강잠, 벼메뚜기(Oxya chinensis sinuosa)외에는 전무한 실정이었다 (Cho 등, 1989; Cha 등, 2009; Yu 등, 1978; Lee 등 1987;, Kim 등, 1987; Lee 등, 1987). 누에와 벼메뚜기를 제외한 나머지 곤충을 식용으로 사용하기 위해서는 2010년 9월부터 식약처에서 시행하고 있는 새로운 식품 원료의 안전성 평가 가이드라인에 부합되는 연구 결과 및 자료를 확보한 후 식약처로부터 한시적 인정 허가를 받아야 해당 곤충이 식품으로 사용 가능하다. 한시적 인정 허가를 받기 위한 필수 자료로는 기원 및 개발 경위, 국내·외 인정 및 사용 현황, 원료의 특성에 관한 자료(성상 및 물성, 섭취 방법 및 용도, 주요 성분, 유해 물질 등) 및 우수 실험실 운영 규정(Good Laboratory Practice, GLP)에 따라 운영된 기관에서 실시하고 경제협력개발기구에서 정한 독성시험법(OECD Test Guideline)에 따른 독성시험을 통한 원재료의 안전성에 관한 자료가 필수적이다 (Shon 등, 2012). 새로운 식품 원료로 등록하기 위한 연구를 통해 기존에 식품공전에 등재되어 있던 벼메뚜기, 누에 번데기, 백강잠 3종 외에 갈색거저리 유충과 흰점박이꽃무지 유충이 과학적인 인체 안전성 및 성분분석 등의 연구를 통해 2014년에 식약처로부터 새로운 식품 원료로 인정을 받았고, 2015년에는 장수풍뎅이 유충과 쌍별귀뚜라미가 새로운 식품 원료로 인정되었다. 또한 2020년에는 아메리카왕거저리 유충, 수벌 번데기가 한시적으로 등록되었고, 2021년에는 풀무치가 한시적으로 등록되었다. 이 중 갈색거저리 유충과 쌍별귀뚜라미, 흰점박이꽃무지 유충 및 장수풍뎅이 유충이 2016년에, 아메리카왕거저리 유충, 수벌 번데기는 2022년에 식품공전에 정식으로 등록되어, 현재 식품공전에 등재된 식용곤충이 9종(벼메뚜기, 누에 유충·번데기, 백강잠, 갈색거저리 유충, 쌍별귀뚜라미, 흰점박이꽃무지 유충, 장수풍뎅이 유충, 아메리카왕거저리 유충, 수벌 번데기)이고, 한시적 인정된 곤충은 풀무치이다(표 2-1, 그림 2-2).

〈표 2-1〉 새로운 식품 원료로 인정된 식용곤충

등록 연도	~2014	2016	2022	2021
등록종	벼메뚜기, 누에 유충·번데기, 백강잠	갈색거저리 유충, 쌍별귀뚜라미, 흰점박이꽃무지 유충, 장수풍뎅이 유충	아메리카왕거저리 유충(탈지 분말), 수벌 번데기	풀무치 (한시적 등록)
합계	3종	4종	2종	1종

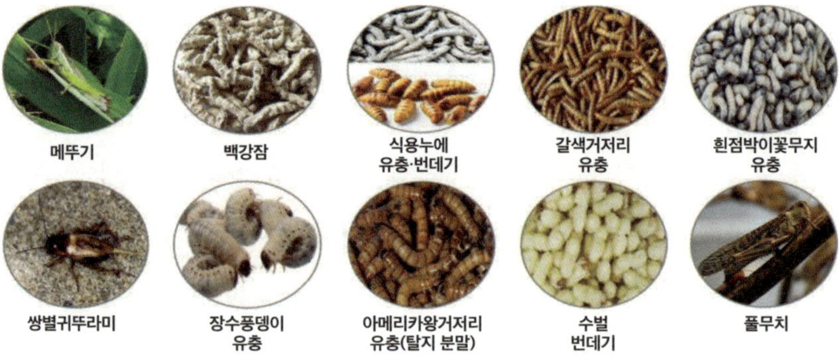

<그림 2-2> 식품 원료로 인정된 식용곤충

이들 곤충들은 기원 개발 경위, 국내·외 인정 및 사용 현황, 제조 방법, 원료 특성, 안전성 평가 등의 자료를 가지고 식약처에 제출 후 안전성 등의 심사를 통해 한시적으로 인정받은 후 일정 기간 한시적 식품 원료로 등록한 자에 한하여 판매가 가능하다. 차후 일반 식품 원료로 전환되어

식품공전에 등재된 이후부터는 누구나 판매할 수 있고, 구매할 수 있다.

곤충을 식품으로 사용하고자 할 때 외형으로 인해 소비자에세 혐오감을 줄 수 있으므로 외형적 혐오감을 없애기 위한 방법으로 갈색거저리 유충을 동결 건조한 후 분쇄하여 분말을 제조했다. 그러나 제조한 분말에서 이취(異臭)가 났으며, 이러한 이취는 장 내 정체 물질로 인해 발생한 것으로 추정하여 음식물 섭취를 중지시키고 배변을 유도했다. 또한 절식을 통한 배변 유도 시 집단 사육 및 음식물 섭취 중단으로 인한 스트레스 때문에 발생할 수 있는 동종 포식증(cannibalism) 여부를 확인한 결과, 집단으로 절식 시 7×7×7cm^3 면적에서는 최대 60마리를 넘지 않는 것이 동종 포식증으로 인한 개체수 감소를 방지할 수 있을 것으로 판단되었다. 이러한 결과를 토대로 7×7×7cm^{3}의 면적 내에 최대 60마리가 넘지 않도록 사육하면서 1~5일 동안 절식시키고 24시간 간격으로 중장(midgut) 내 정체물을 확인하기 위해 장을 해부한 결과, 1일째부터 중장 내 정체물이 부분적으로 감소했고 후장(hindgut) 내 정체물이 대부분 제거되었음을 확인할 수 있었다(그림 2-3).

추가적으로 관능 평가를 통해 2일간의 절식으로 배변 유도한 동결 건조 유충 분말이 색깔, 풍미 및 전체 선호도 모두 가장 높게 평가되었다. 멸균한 밀기울을 급여한 후 2일간 절식시켜 이취를 줄인 유충 분말이 소비자의 기호도를 고려한 식품 원료로 가장 적합할 것으로 판단되었다(Chung 등, 2013). 갈색거저리를 식품 원료로 이용하기 위한 전처리 과정에서 미생물 혼입 및 오염으로 인한 안전성 문제를 해결하기 위해 갈색거저리 유충은 배변을 유도한 후 고온고압멸균기를 이용하여 유충 자체를 멸

<그림 2-3> 갈색거저리 유충 전처리 조건 확립을 위한 절식 실험

균한 결과 115℃, 0.9 kgf/cm^3 압력에서 5분 이상 멸균 처리 시 세균과 진균이 제거되었다. 이상의 갈색거저리 유충에 대한 고온고압 멸균 조건은 미생물이 존재하지 않는 안전한 식품 원료로 사용하기 위해서도 중요할 뿐만 아니라 미생물로 인해 생성되는 특유의 이취 또한 추가적으로 감소시킬 수 있을 것이라고 사료된다 (Chung 등, 2013). 따라서 소비자 선호도를 향상시키기 위해 상기 곤충의 식품 소재화를 위한 최적 제조 조건(절식→세척→살균→동결 건조)을 확립 후 제조한 원료의 성상 분석 결과, 고유의 향미를 가지고 있으며 이미(異味), 이취가 없다고 판정되었으므로 식품으로 이용되기에 양호한 성상임을 확인했다.

식용곤충의 영양 성분을 비교 분석한 결과, 앞선 분말 제조 조건으로 제조된 갈색거저리 유충, 흰점박이꽃무지 유충, 갈색거저리 유충의 영양 성분은 단백질 함량이 갈색거저리 유충 53%, 흰점박이꽃무지 유충 58%, 장수풍뎅이 유충은 38%이었으며 대부분의 곤충은 대표적인 식물성 단백질원인 대두와 돼지고기(삼겹살 부위)보다도 단백질 함량이 높았다. 불포화 지방산은 총 지방 중 갈색거저리 76%, 흰점박이꽃무지 78%로 상당히 높았고, 그 외 칼륨, 인 등 다양한 무기질 및 비타민, 식이섬유도 존재함을 확인함으로써 식품으로도 충분한 영양적 가치가 있음을 확인하였다(표 2-2).

〈표 2-2〉 식용곤충과 일반 식품의 영양성분 비교(농촌진흥청) (g/100g)

	장수애	고소애	꽃벵이	대두	생태	계란	닭	돼지	소
탄수화물	26	9	17	38	0.18	6	0.11	0.22	3.36
단백질	38	53	58	39	76	54	65	33	65
지방	29	31	18	15	15	36	29	65	32
비타민B3	0.008	0.009	0.009	-	0.004	-	0.022	0.008	0.016
철	0.027	0.005	0.006	0.009	0.004	0.008	0.001	0.001	0.009
인	0.425	0.593	0.724	0.606	1.04	0.643	0.512	0.248	0.526

최근에는 식용곤충을 이용한 일반식과 환자식의 조리법, 다양한 메뉴가 개발되고 있다. 과거에도 벼메뚜기 및 누에 번데기가 식품으로 허가받아 제조와 판매가 가능했음에도 불구하고 단순 조림, 볶음 외 조리법은 거의 없었기 때문에 소비가 확대되지 않고 매우 제한적이었다. 따라서 새롭게 등록된 갈색거저리와 흰점박이꽃무지 유충도 새로운 식품으로 널리 이용되기 위해서는 기존에 선호도가 높은 식재료와의 조합을 통해 메뉴 개발이 이루어져서 곤충이 기피 식품이 아닌 "맛있는 먹거리"라는 개념으로의 인식 전환의 노력이 필요하다. 이를 위해 갈색거저리가 식용곤충으로 식품 등록된 후 그 소비의 확대를 위해 2014년부터 갈색거저리 유충 등 식용곤충을 함유한 다양한 조리법이 개발되었다.

고소애 피자 / 고소애 두부전 / 꽃벵이 고추만두

<그림 2-4> 식용곤충을 이용한 일반식 메뉴

<그림 2-5> 식용곤충 이용 레시피를 포함한 다양한 책자

암환자를 위한 고단백 식사 (고소애 고추장 깻잎볶음) / 암환자를 위한 고단백 간식 (고소애 초코머핀) / 위장관질환 환자를 위한 고단백 식사 (고소애 들깨미음)

<그림 2-6> 갈색거저리 이용 개발된 환자식 메뉴

고소애 제품 및 식단

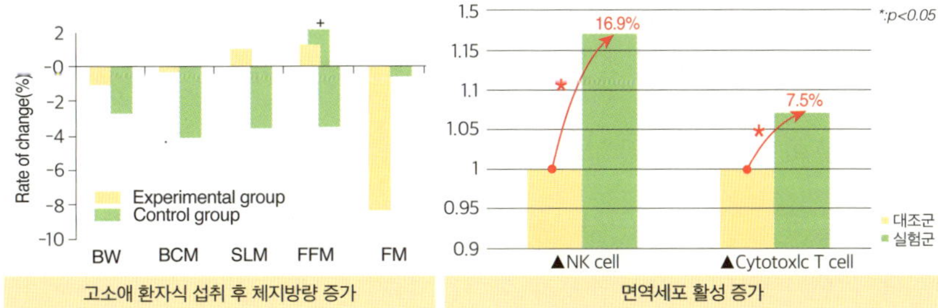

<그림 2-7> 갈색거저리 분말을 이용한 임상시험 연구 결과

갈색거저리를 이용하여 소스로 간장 양념장 등 한식 양념장 3종, 토마토 소스, 타르타르 소스 등 양식 소스 8종 및 육류용, 생선용 등 시즈닝 3종이 개발되었다. 한식 메뉴 29종으로 주식류 10종(호박죽, 볶음밥, 수제비 등), 부식류 14종(추어탕, 잡채, 깻잎전 등), 후식류 5종(강정, 양갱 등)과 차와 주스류 11종(한방차, 망고에이드 등)이 개발되었다. 그리고 양식 메뉴 21종으로 전채요리 1종(양파크림 소스를 곁들인 밀웜 연어구이), 수프 8종(밀웜감자 수프 등), 샐러드 2종(독일식 밀웜 감자샐러드 등), 주요리 9종(닭가슴살을 이용한 햄버거 스테이크, 밀웜 소시지와 채소 꼬치 등)이 개발되었다(그림 2-4).

또한 개발된 메뉴들에 대한 시식회를 개최하여 다양한 조리법 개발 시 식용곤충의 소비에 대한 가능성을 확인할 수 있었다. 이러한 연구를 바탕으로 곤충을 이용한 조리법 및 메뉴 책자가 개발되었다(그림 2-5).

이외에도 특수식의 일종으로서 고단백 항암 치료식, 삼킴장애 환자를 위한 연하 곤란식, 치아 보조식, 케톤식, 간 질환식, 위장 질환식 등 다양한 환자식이 개발되었다(그림 2-6).

실제 위장관 수술을 받은 환자를 대상으로 갈색거저리를 이용한 영양

밀도를 높인 식사를 제공하여 식사 섭취량 및 환자 영양 상태 변화를 분석하고, 환자 순응도를 평가한 결과, 열량, 단백질, 지질 섭취량이 대조군보다 유의적으로 높았다. 갈색거저리의 높은 단백질 함량과 분말 형태의 제형으로 인해 대조군보다 열량의 영양 밀도 및 단백질의 영양 밀도가 유의적으로 높았고, 갈색거저리 식사는 환자가 제공량 대비 섭취량이 많았으며, 현재 병원에서 제공되는 대조군 식사에 비해 유의적으로 높은 순응도를 나타냈다. 그뿐만 아니라 연구 기간 동안 갈색거저리 식사에 대한 알레르기 반응 등 이상 반응은 관찰되지 않았다.

●●● 곤충 이용 기능성 연구

지구상 최다종이면서도 미개발 자원인 곤충의 효능은 이미 『동의보감』에서 95종, 『본초강목』에서 106종 등이 보고되고 있으며 곤충은 기주식물 섭취 후 강한 태양광선, 다양한 미생물, 고온 다습한 기후 등 극한 외부 환경 조건하에서 생존하기 위해 체내에 고기능성 2차 대사산물을 함유하고 있을 것이라 추정되고 있으므로, 곤충이 가지고 있는 인체에 유용한 성분을 활용하기 위한 연구도 농촌진흥청을 중심으로 수행되었다. 식용곤충의 다양한 기능성 효능에 관한 연구는 여러 논문과 특허를 통해서 확인되고 있다.

〈표 2-3〉 식용곤충의 효능

식용곤충	효 능	식용곤충	효 능
갈색거저리	· 대사성 질환 관련 -당뇨 예방/치료 -비만 예방/치료 · 간 질환 관련 - 간 보호 · 노화 관련 -알츠하이머 치료 -기억력 증진제 -항산화 · 피부 질환 관련 -발모 촉진 · 면역력 관련 -항염증 · 암 질환 관련 - 암 예방	장수풍뎅이	· 대사성 질환 관련 -당뇨 예방/치료 -비만 예방/치료 · 간 질환 관련 -간 보호 · 노화 관련 -알츠하이머 치료 -항산화 · 면역력 관련 - 항염증 -항알레르기 · 암 질환 관련 -암 예방 · 자가면역 질환 관련 -류마티스 관절염 예방/치료
쌍별귀뚜라미	· 대사성 질환 -항고지혈증 -고혈압 치료 -당뇨 예방 · 간 질환 관련 -간독성 예방 -간염 예방 치료 -간 보호/자양강장 -피로 회복 -알코올 분해대사 촉진 · 노화 관련 - 노화 방지 (과산화지질 생성억제) -항산화 -항응고 (트롬빈 저해 활성) · 피부 질환 관련 -탈모 예방 -피부 미백/미용개선 -피부 탄력/주름개선 -피부 재생 · 면역력 관련 - 면역력 강화 - 항염증	벼메뚜기	· 대사성 질환 -혈전 용해/치료 -항비만 · 간 질환 관련 -간 기능 개선 · 면역력 관련 -항염증 · 암 질환 관련 - 암 예방

출처: 김미애(2021)

제3편

미래 먹거리가 될 곤충

될성부른 나무는 떡잎부터 알아본다

푸드테크와 식용 곤충

●●● 개요

급격한 인구 증가는 사회적·환경적으로 문제가 발생할 수 있다고 경고하고 있다. 인구 증가로 인해 전통적인 축산 단백질의 수요는 계속적으로 증가할 것이나, 동물성 단백질은 수요에 비하여 생산량 확보에 어려움이 예상된다. 인구 증가와 기후 변화 및 자원 고갈로 전통적인 축산업에 의존한 단백질 섭취는 한계를 맞이할 것이며, 가축 사육에 의존한 동물성 단백질 수급에는 어려움이 발생할 것이다. 또한 동물성 단백질을 획득하기 위한 축산업은 광우병, 구제역, 아프리카돼지열병(ASF), 조류 인플루엔자(AI) 등 다양한 전염병을 야기해 사회적인 문제로 대두된다. 또한 동물성 단백질을 획득하기 위한 축산업은 가축의 도축 과정이 필수적이므로 동물복지나 윤리 문제가 발생한다.

특히 탄소 중립과 식량 주권 이슈는 대부분 국가에서 대두되고 있으며, 환경, 안전, 윤리 및 지속가능성 문제를 해결할 수 있는 동물성 단백질 확보에 초점을 두고 있다. 이러한 시대적 흐름에 발맞춰 대체 단백질 확보를 위한 다양한 '푸드테크' 기술 확보를 위한 기술 패권 시대에 도래했다.

대체 단백질 식품 시장 규모는 계속적으로 증가하고 있다. 매년 10% 이상씩 성장하고 있으며, 2025년에는 178.6억 달러로 성장할 것으로 예상한다. 대체 단백질 시장은 가축에 유래한 전통적인 동물성 단백질 축산업의 한계를 극복할 수 있으며, 상호 보완적 역할을 할 수 있을 것으로 기대하고 있다. 대체 단백질은 성장 가능성이 높은 미래형 푸드테크 기술로서 관련 유관 산업을 비롯한 다양한 경제 산업적 파급 효과가 높을 것으로 기대되며, 농업, 외식, 물류 등 전후방 연관 산업에서도 다양한 기대 효과가 있을 것이다. 대체 단백질을 활용한 미래형 푸드테크 기술은 식품 산업뿐만 아니라 바이오 산업을 활성화시켜 일자리 창출 등 경제 성장에도 큰 기여가 예상된다. 대체 단백질 식품은 기존 단백질 식품을 대신하여 새로운 원료 또는 제조 방법을 활용하여 전통적인 축산 식품과 유사한 특성 및 용도를 보유할 수 있도록 모방한 식품을 일컫는다.

대체 단백질 식품의 원료로는 식물성 기반 대체 식품, 세포 배양 식품, 미생물 유래 단백질 식품 및 식용곤충 등이 있으며, 현재에는 식물성 기반 대체 식품들이 산업적으로 많은 발전을 하여 산업적으로 완성도를 높이고 있다. 식물성 기반 대체 식품은 단백질의 가공 적성 및 소재화가 용이하고 경제성 및 안전성 측면에서 다른 대체 단백질 원료에 비하여 산업화가 빠르게 진행되고 있다. 세포 배양 식품은 살아 있는 동물세포에서 채취하여 세포공학 및 조직공학 기술을 활용하여 증식시켜 단백질을 획득하여 가공하는 식품을 말하고 있으나, 국내에서는 아직 상용화에 많은 기술적 어려움이 존재하는 것이 현실이다. 미생물 유래 단백질 생산은 안전성 및 대량 생산에 기술적 애로사항이 있으며, 아직 기술적 발전이 조금 더 진행되어야 산업적 활용이 가능할 것으로 보인다.

식용곤충은 40~60% 정도의 단백질과 20~30%의 지질로 구성되어 있으며, 유충, 번데기 및 성충으로 섭취가 가능하다. 2024년 현재 국내에서 식용으로 가능한 곤충은 10가지로 다른 대체 단백질 소재에 비하여 경제성 및 안전성을 확보하고 있다. 또한 환경적인 측면에서도 가축을 사육하는 것에 비하여 낮은 수준의 온실가스를 배출하고 물의 소비도 적은 편이다. 특히 산업적인 측면에서 세대 순환이 빠르고 대량 생산이 가능하고 높은 사료 효율 및 노동력을 절감할 수 있다는 점에서 각광 받고 있다. 그러나 식용곤충은 혐오적인 외관으로 인하여 소비자들이 기피하는 단점이 있으나, 이는 푸드테크 기술을 활용하여 다양한 소재화 기술을 개발한다면 식품 소재로서 활용도를 높일 수 있을 것이다.

그러므로 이번 장에서는 푸드테크 기술을 활용한 식용곤충의 발전 방안을 서술하여 식용곤충 산업의 발전을 위한 미래 전망을 제시하여 식품 산업에서의 식용곤충의 발전 방안에 대하여 알아보고자 했다.

●●● 푸드테크란?

푸드테크란 식품(Food)과 기술(Technology)의 합성어로 4차 산업의 혁신 기술인 인공지능(AI), 사물인터넷(IoT), 정보통신기술(ICT), 바이오 기술(BT) 및 3D프린팅과 같은 첨단기술을 식품의 생산, 유통, 소비 과정 등과 결합하여 새로운 산업과 부가 가치를 창출하는 것을 의미한다. 동물성 유래 대체 식품, 식품 3D프린팅, 온라인 유통플랫폼, 스마트팜, 식품로봇 등이 대표적인 푸드테크의 산물이다. 푸드테크의 10대 핵심 기술 분야로 세포 배양 식품 생산 기술, 식물 기반 식품 제조 기술, 간편식 제조 기술, 식품프린팅 기술, 식품 스마트 제조 기술, 식품 스마트 유통 기술, 식품 커스터마이징 기술, 외식 푸드테크 기술, 식품 업사이클링 기술, 친환경 식품 포장 기술로 선정하여 푸드테크 산업의 성장 기반을 마련하고자 한다. 대체 식품 시장 규모는 매년 증가하고 있으며, 푸드테크 산업의 발전은 시장성 확대를 야기하여 해외 유니콘 기업이 증가하고 있다. 푸드테크 산업은 고성장이 전망되는 산업 분야로서 사업화 촉진, 시장 확대, 수입 원료의 국산화 등 다양한 전략을 추진하고 있다.

푸드테크 시장 중에서 대체 단백질 식품 시장은 식물성 유래 단백질, 식용곤충 단백질, 해조류 단백질, 미생물 단백질, 세포 배양 식품 순이며, 대체 단백질이 차지하는 부분은 세계 단백질 시장에서 약 1% 정도이나 주요 소비층인 MZ세대의 가치소비와 ESG(환경·사회·지배 구조) 경영으로 친환경 대체 식품의 관심이 증가하는 추세이며 매년 약 10% 이상 증가할 것으로 기대되고 있다.

●●● 식용곤충 산업의 현황 및 활용 방안

대체 식품 분야에서 식용곤충이 차지하는 부분이 아직 미진한 편이지만, 앞으로 잠재력이 있는 분야로 평가받고 있다. 농림축산식품부에서 발표한 곤충 산업 실태조사 결과에 따르면 2022년 국내 곤충 판매액은 총 449억 원으로 이 중 식용곤충의 판매액은 44.4%인 200억 원 정도로 전년 대비 약 14%가 증가한 규모로서, 국내 곤충 산업의 상당 부분을 식용곤충이 차지하고 있다. 국내 식용곤충 산업은 다양한 기술 개발로 활발히 성장 중에 있으며, 식용곤충 생산 농가도 증가하고 있다. 2019년 7월 농림축산식품부는 "가축으로 정하는 기타동물"을 개정하여 곤충을 추가하여 식용곤충 산업이 확대될 수 있도록 지원하고자 했다. 식용으로 인정된 곤충의 경우 2023년 기준 벼메뚜기, 누에 번데기, 누에 유충, 백강잠, 갈색거저리 유충, 쌍별귀뚜라미, 흰점박이꽃무지 유충, 장수풍뎅이 유충, 아메리카왕거저리 유충, 수벌 번데기, 풀무치 등 10종으로 산업적 활용성을 높이고자 했다. 식용곤충에 대한 부정적인 인식을 제고하기 위한 방편으로 다양한 기술 개발의 진보가 필요하다.

전 세계적으로 식용곤충 제품이 출시되고 있으며, 원형 그대로 가공되어 판매되기도 하며 식용곤충을 가공하여 쿠키, 에너지바, 파스타, 젤리, 단백질 쉐이크 등 다양한 식품에 첨가한 제품들이 판매되고 있다(그림 3-1).

국내에서도 식용곤충을 활용한 다양한 제품들이 개발되어 산업적 활성화를 유도하고 있으며, 높은 단백질 함량과 고소한 풍미를 보유한 갈

<그림 3-1> 전 세계의 다양한 식용곤충 관련 제품(출처: Bug burger 홈페이지)

색거저리 유충(Tenebrio molitor larvae)은 단백질 강화 스낵, 쿠키, 빵 등으로 제품화되고 있다. 또한 갈색거저리 유충은 올레산을 비롯한 불포화 지방산이 풍부하여 오일을 추출하여 만든 캡슐 형태의 제품이 개발되었다. 식용곤충 제품군을 분석하여 보면 대부분의 제품들은 식용곤충의 원형을 유지하기보다는 다양한 가공 방법을 활용하여 추출하거나 분쇄하여 첨가하는 형태로 개발되었다. 이는 식용곤충의 외형에서 발생할 수도 있는 거부감을 줄이고자 한 것으로 보이고, 식용곤충의 가공 형태에 따른 인식 조사에서도 에너지바, 스낵류, 분말 형태 등이 높은 선호도를 나타내었다. 최근에는 식량 안보가 국가들마다 중요한 이슈로 거론되고 있으며 친환경 식용곤충 제품화 기술 개발에도 높은 속도감이 있다. 유엔 식량농업기구(FAO)에서도 갈색거저리 유충, 귀뚜라미 등 식용 곤충이 단백질을 생산하기 위해 사용하는 사육 면적이나 물의 요구량은 전통적인 공급원인 소·돼지·닭보다 월등히 적은 것으로 보고되었다. 사료 요구율

(FCR)에서도 귀뚜라미(2.1)가 소(25)보다 12배나 낮아서 효율이 높았으며, 단백질 1g을 만드는 데 갈색거저리 유충은 수분 23ℓ가 필요하지만, 소는 112ℓ가 필요하여 5배 정도 높은 것으로 보고되었다.

〈표 3-1〉 국내 식용곤충 활용 가공식품 및 기능성 식품

제품 이미지		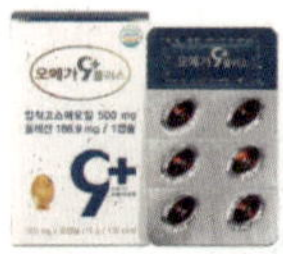	
활용 곤충	갈색거저리 유충	갈색거저리 유충	흰점박이꽃무지 유충
기능	단백질 공급	불포화 지방산 공급	오메가9플러스
제품명	BETTER 프로틴 바	간 건강	보간 해소
제품 이미지			
활용 곤충	흰점박이꽃무지 유충, 갈색거저리 유충	쌍별귀뚜라미	흰점박이꽃무지 유충, 갈색거저리 유충, 쌍별귀뚜라미
기능	숙취 해소	식후 혈당 상승 억제	피로 회복
제품명	벵주야	혈당엔 디앤디	한미 침향원 프리미엄

〈표 3-2〉 국외 식용곤충 활용 가공식품 및 기능성 식품 예시

제품 이미지			
활용 곤충	귀뚜라미	귀뚜라미	딱정벌레
기능	단백질 공급	단백질, 비타민 공급	단백질, 비타민 공급
제 품 명	Kriket - protein boost	Cricket pasta	Beetles Beer

제품 이미지			
활용 곤충	집 귀뚜라미	갈색거저리 유충	
기능	단백질, 비타민 공급	단백질 공급	
제품명	Chocolate chirp ookies	Essento insect burger	

2019년 세계 식용곤충 산업 규모는 약 1억 1,200만 달러이며, 2024년 7억 1,000만 달러로 성장할 것으로 글로벌 마켓 인사이트는 전망하고 있다. 아시아 국가에서 주로 활성화되었던 식용곤충 산업은 세계적인 기후 위기에 따라 소비자들의 긍정적 인식이 증가하며 미국 및 유럽 시장 규모가 성장할 것으로 예상된다. 북미 곤충 농업 연합에 따르면 2021년 곤충 식품 분야 종사자는 2018년 대비 5배 증가했다. 유럽에서도 식용곤충을 대체 단백질 공급원으로 주목하며 다양한 스타트업 기업들이 신제품을 출시하고 있다. 유럽 최초로 벨기에는 연방식품안전청에서 식용곤충을 법적으로 승인했으며, 갈색거저리 유충으로 만든 파스타, 귀뚜라미 분말이 첨가된 에너지바, 딱정벌레 분말이 들어간 맥주 등 다양한 제품이 출시되었다(표 3-2). 2019년 독일의 비건 브랜드인 Veganz의 설문 조사에서는 2만 4,000명 중 41.6%가 위생 및 외관 문제가 없다면 곤충을 먹을 수 있다고 했다. 이에 따라 식용곤충 관련 국내외 산업 규모는 기술의 발달과 함께 더욱 성장할 것으로 보인다.

식용곤충의 단백질 함량은 기존의 동물성 축산 식품과 유사하거나 많게는 2~3배 많은 단백질 함량을 포함하고 있어서 단백질 소재 식품으로

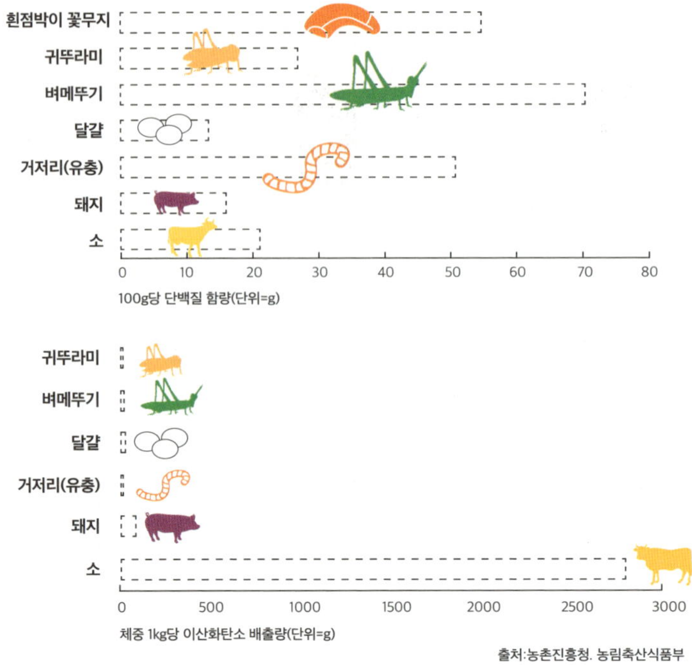

<그림 3-2> 축산물 100g당 단백질 함량 및 체중 1kg당 이산화탄소 배출량

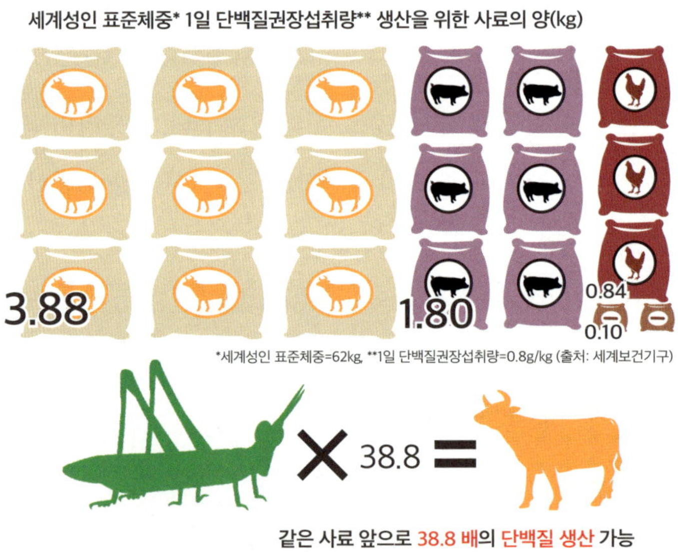

<그림 3-3> 성인 표준체중 1일 단백질 권장 섭취량 생산을 위한 사료의 양

서 활용성이 높을 것으로 사료된다. 현재 식용곤충 관련 기술 개발은 식용곤충을 식용으로 활용할 수 있는 원료의 소재 발굴 및 혐오적인 모양의 외형을 개선하기 위한 다양한 가공 방법에 대한 연구가 진행되고 있다. 특히, 성충의 형태로 섭취하고 있는 식용곤충은 다리 및 날개와 같은 난소화성 부위는 소화 흡수에 부정적인 영향을 나타낼 수 있어서 소화 장애를 일으킬 수도 있다. 그러므로 식용곤충의 성충을 가공하지 않고 섭취할 경우 주의가 필요할 수 있으며, 분말화 또는 난소화성 키틴질 등이 제거되지 않은 제품의 생산이 주요한 기술적 요소가 될 수 있다. 유럽의 경우 네덜란드 등에서 식용곤충의 판매 및 섭취가 활발히 이루어지고 있으며, 섭취 시 곤충의 날개와 다리를 제거하고 섭취하는 것을 권장하고 있다. 이와는 별도로 식용곤충 산업의 활성화를 위한 방안으로 곤충 진액 추출, 단백질 추출, 오일 추출 등을 통한 식이성 증진 기술을 활용하여 제품화하기도 했다. 그러나 식용곤충도 다른 동물성 단백질 소재와 동일하게 알레르기를 유발할 수 있는 문제를 가지고 있으므로, 안전성 등을 많이 연구하여 산업적으로 식용이 가능한 곤충의 수를 확대하여 나가고 있다. 이러한 문제점들은 식용곤충 산업화를 활성화시키기 위해 다양한 정보의 고지와 안전한 원료로서의 생산을 중요시하고 있다.

식용곤충 단백질은 다른 동물성 축산 식품과는 다른 겔화, 유화, 거품형 성능 등 다른 가공적성을 나타내고 있는데, 이는 단백질의 종류와 구성이 다른 것에 기인한다고 알려져 있다. 전통적인 동물성 축산 식품은 상대적으로 가식 부위와 비가식 부위로 구분하고, 정육과 부산물로 구분하여 판매하고 가공하고 있어서 산업적 활용 시 선택적으로 활용이 가능하다. 그러나 식용곤충은 대부분 개체의 크기가 작고 대량으로 가공이 이루어져 부위의 구분과 부위별 활용에 한계가 있어서 대부분의 섭취 및 가공이 부위의 구분이나 분리 없이 이루어지고 있다. 그래서 전통적인 동물성 식육 단백질과 비교하여 겔화 등의 가공적성이 열악하여, 가공학적 특성을 향상하기 위한 연구들이 필요하다. 식용곤충의 가공학적 특성은 곤충 단백질의 구조 특성을 변화시켜 향상할 수 있으며, 주로 화학적 방법과 물리적인 방법으로 구분된다. 소비자들이 식품에 산 처리나 알칼리 처리와 같은 화학적인 처리나 화학적 방법을 좋아하지 않아서 대부분 물리적인 방법으로 가열, 초고압, 압출성형, 플라즈마, 조사(radiation) 등과 같은 방법을 활용하고 있다. 물리적인 방법은 단백질에 에너지를 부가하여 단백질의 구조를 변형시켜 열린 구조로 변형시켜 단백질의 가공적성을 향상하고 있다. 이외에도 효소로 단백질의 분해 또는 접합 기술을 활용하고 있으며, 하이드로콜로이드를 활용하여 겔화 형성에 도움을 줄 수 있어서 제품의 형태나 목적에 따라서 사용 방법을 적절하게 이용하여 제품 개발에 활용할 수 있다.

기능성 소재 자원으로서 식용곤충 산업 현황 및 활용 방안

전 세계적으로 식용곤충을 대체 단백질 소재로 활용하고 있는 국가에서 이용되는 곤충의 종류는 제한적이다. 대부분 갈색거저리 유충(밀웜),

흰점박이꽃무지 유충, 귀뚜라미, 메뚜기, 누에 등이 대표적인 종으로 이용되고 있다. 이에 따라 식용곤충의 생리 활성 또는 생리 기능성에 관련하여 다양한 연구들이 진행되고 있다. 식용곤충의 기능성을 향상하기 위하여 탈지 및 추출, 효소 처리에 따른 추출물 또는 가수분해물 수득 등이 방법을 활용하고 있으며, 대표적인 기능성으로, 항산화, 항암, 항고혈압, 항염, 항비만, 항당뇨 등의 기능성을 보인다고 보고되고 있으며, 장내 미생물 환경 개선에서도 도움을 줄 수 있는 기능성 소재로서 활용 가능하다고 했다. 동충하초와 같은 곤충 유래 한방 소재의 경우 항암 효과와 함께 면역력을 향상할 수 있는 소재로 과거부터 현재까지 활발히 활용되고 있다. 동의보감에도 굼벵이는 한약재로 활용했다고 보고되기도 했으며, 누에나방에서 유래한 성분으로 춘약으로 사용되어 약용 자원으로 활발히 활용되었다.

전통적으로 약용으로 활용되고 있는 흰점박이꽃무지 유충을 활용한 제품 외에도 갈색거저리 유충, 누에, 귀뚜라미 등 다양한 식용곤충을 활용한 건강 기능성 제품의 생산이 활발히 이루어지고 있다. 이러한 기능성 제품들은 대부분 환이나 액상 형태의 제품이 판매되고 있으며, 계속적으로 다양한 기능성을 밝히기 위하여 지속적으로 연구가 진행되고 있다. 흰점박이꽃무지는 전통적으로 간에 좋다고 알려져 한약재로 쓰였던 바 있으며, 실제 다양한 연구에서 그 기능성과 유효 성분을 확인했다. 또한 간 보호 효과 기능성을 바탕으로 흰점박이꽃무지 유충을 원료로 한 간 건강 기능 식품이나 숙취 해소제 등이 개발되어 상용화된 바 있다. 최근 연구에 따르면 흰점박이꽃무지 유충에서 분리한 인돌 알칼로이드(Indole alkaloid)가 혈전 치유와 혈행 개선에도 효과가 있다고 보고되었다. 쌍별귀뚜라미(Gryllus bimaculatus)는 혈당 상승 억제, 피부 노화 예방, 탈모 예방 등의 효능을 갖추어 기능성 식품의 개발 및 의약품으로의 발전 가능성을 보고하기도 했다. 또한 애기뿔소똥구리(Copris tripartitus)에서 분리한 코프리신(CopA3)은 항균, 항염 효과가 뛰어나 화장품 제조 등에 활용되고 있으며, 이를 활용한 장 질환 치료제를 개발할 예정으로 보고되었다. 이처럼 식용곤충 유래 성분들은 계속해서 새로운 기능성 연구로 유효 성분들을 확인하고 있으며 관심과 중요도 또한 점차 증가하고 있다. 식용곤충의 유효 성분이 가지는 있는 기능성을 활용한 기능성 식품 및 의약품의 개발은 국외에서도 다양하게 보고되고 있다. 중국은 약용 곤충으로 흙바퀴, 꽃매미, 백강잠, 풀색노린재, 물명주잠자리 유충 등을 활용하고 있으며 항균 펩타이드나 항노화 물질, 곤충 독소를 추출하여 사용하기도 한다. 또한 일본 농림수산성 보고에 의하면 일본에서는 유전자 재조합 누에 콜라겐 및 섬유소원 생산 능력을 향상시키는 연구를 진행했고, 이를 화장품과 의약품의 소재로 활용하고자 하는 신산업 창출 프로젝트를 진행했다. 이처럼 식용곤충 기능성 물질의 유효성분 생산량 및 효과 증대를 위한 연구와 정부 차원의 관심이 계속될 경우 향후 식용곤충 활용 기능성 식품 및 의약품 산업은 더욱 활성될 것으로 전망된다.

●●● 식용곤충 산업 활성화를 위한 미래 전략

식용곤충은 온실가스 배출량과 토지 이용량, 물의 사용량도 식물성 대체 단백질 소재로 많이 활용되고 있는 콩류 식물과 유사한 양을 소비하여 생산되는 장점들이 있다. 식용곤충 시장은 계속적으로 증가하고 있으며 2029년까지 8억 9,231만 달러에 이를 것으로 예상되고 있다. 그러나 다른 대체 단백질 특히 식물성 단백질의 시장 규모에 비하여 매우 적은 규모로 활용과 산업화에 한계점이 존재한다. 특히 세계 육류 시장은 2030년 약 1조 4,000억 원에 이를 것으로 평가되고 있으며, 일반육 시장은 이 중 72%, 식물성 대체육은 18%, 배양육의 경우 10%를 차지할 것으로 평가받고 있다. 가장 작은 비율을 차지하고 있는 세포 배양 식품의 경우에도 약 1,400억 달러로 평가받고 있는 현실에서 식용곤충의 시장은 상대적으로 작을 것으로 예측되고 있다. 따라서 식용곤충을 단순한 식량 자원으로써의 소비가 아닌 고부가 가치 상품으로의 개발을 통한 활용성 증대 방안을 모색하여야 할 것이다. 식용곤충의 안전성 또한 제어되어야 할 하나의 중요한 요소로써 작용한다. 국내 한국소비자원의 소비자위해 감시시스템을 통해 조사되었을 때 식용곤충을 섭취하여 생기는 위해 사고의 경우, 약 10명 중 1명꼴로 발생하여 알레르기 반응성을 개선할 수 있는 연구 또한 꾸준히 진행되어야 할 것이다. 식용곤충에 대한 부정적인 인식은 판로 및 소비자 확보에 큰 문제점으로 작용할 수 있다. 식용곤충의 인식 제고를 위한 전략으로써 실험을 통한 객관적인 데이터로 대체 식량 자원으로서의 가치를 홍보하여야 한다. 대표적으로 식용곤충의 영양학적 가치, 위생적인 사양 시설, 인수 공통 감염병에 대한 안전성과 상대적으로 다른 가축에 비해 적게 필요한 비용 등을 토대로 홍보, 교육, 미디어 노출 등을 한다면 소비자의 소비 욕구를 자극할 수 있을 것으로 보인다. 식용곤충 섭취에 대한 경험도 인식 재고에 중요한 역할을 할 수 있으므로 다양한 식용곤충 제품화를 통해 식용곤충에 대한 친숙도 향상 또한 식용곤충의 산업화 활성화에 기여할 수 있는 방안으로 사료된다.

●●● 결론

세계 인구의 증가는 전통적인 축산업에 의한 단백질 생산량을 충당하기 힘들 것으로 예측되어 식량 주권 문제가 발생할 소지가 있다. 또한 전통적인 축산업은 환경 문제 등 탄소 중립 이슈가 존재하고 있어서 다양한 대체 단백질을 활용한 푸드테크 기술 개발이 선진국을 비롯한 많은 나라에서 연구되고 있는 것이 현실이다. 또한 단백질에 대한 다양한 소비자의 기호도는 지속 가능하고 다양한 제형의 단백질 공급원을 필요로 하고 있다. 식용곤충의 영양, 기능적, 환경 및 경제적 가치는 수많은 연구를 통해 검증되었으며, 양질의 단백질 공급원으로 미래 식품으로써 활용 가능성이 매우 크다는 결론에 도출되었다. 식용곤충의 시장 규모 성장률은 연평균 22.7%로 세계 대체식품 유형 중 빠르게 확대될 것으로 전망되고 있으며, 이에 따라 지속 가능한 미래 식품 개발을 위해 식용곤충 푸드테크 식품 기업에 대한 국내외 식품 산업계의 투자가 적극적으로 이루어지고 있다. 이러한 투자를 바탕으로 다양한 전 처리, 탈지 및 추출 공정을 통한 식용곤충의 맞춤형 소재화가 이루어지고 있으며, 단백질 바, 쿠키, 파스타, 음료 및 에너지 바와 같은 다양한 제형의 식용곤충 가공 식품을 개발 중에 있다. 푸드테크에서 국내외 식용곤충의 산업 현황, 활용 방안 및 미래 전망을 분석하여 미래 식품으로의 식용곤충의 활용 가능성을 확인할 수 있었다. 식용곤충은 인구 증가에 따른 단백질 공급 부족을 해결함과 동시에 다양한 단백질 공급원으로 기대를 충족하길 원하는 소비자들에게 이상적인 대안이 될 수 있다.

대체 식품으로서의 식용 곤충

●●● 개요

인구 구조의 급격한 변화 및 식품 소비 패턴의 변화에 따른 미래 시장 수요를 충족시킬 수 있는 미래 식품 산업에 대한 고민이 필요한 시점에 도달했다. 특히 선진국에서는 가축을 기반으로 한 동물성 유래 단백질을 대체하려는 사회적 관심을 바탕으로 대체 단백질 식품 시장이 빠르게 성장하고 있다. 대체 단백질 식품 시장의 빠른 성장세는 세계 인구의 급격한 증가, 먹거리 안전성과 건강, 가축 질병의 유래(구제역, 아프리카돼지열병, 조류 인플루엔자) 등의 자원·환경의 지속 가능성과 동물 복지, 생명 윤리 등에 대한 소비자의 관심이 확대된 결과물로 사료된다. 2025년에는 대체 식품의 시장 규모가 178억 5,860만 달러에 이를 것으로 전망하고 있으며, 국내에서도 계속적인 성장세가 뚜렷한 실정이다. 대체 단백질 식품 분야는 미래 산업으로 각광 받고 있으며, 정부에서도 신산업으로 규정하고 육성 정책으로 연구 개발, 투자, 제품 생산, 마케팅, 규제 완화 문제 등의 이슈들을 선점하여 산업 발전을 위한 환경을 구축하기 위하여 준비하고 있다.

가축을 활용한 동물성 단백질을 대체한 식품으로 식물성 기반 단백질 식품, 곤충 식품, 세포 배양 식품 등이 대표적이다. 식물성 기반 단백질 식품은 식물에서 추출한 단백질을 활용하여 식육 제품과 유사한 햄버거 패티나 햄, 소시지 제품과 유사한 맛이 구현되도록 가공한 식품이며, 다른 대체 단백질 식품보다는 소비자들의 선호도가 높아서 산업적으로 많이 발전되어 있다. 식용곤충 식품은 곤충에서 추출한 단백질을 이용한 식품으로 소비자들의 외형에 대한 기피로 인하여 주로 분말화하여 제품에 부가하고 있다. 세포 배양 기반 식품은 살아 있는 동물세포에서 세포를 수득하여 영양 공급을 통하여 근육 세포를 키워 내는 기술을 활용하는 것으로 싱가포르나 미국에서는 일정 부분 상용화가 되었으나, 현재까지 국내에서는 상용화된 기술은 아니며 조금 더 기술 발전이 필요로 하고 있다. 4차 산업혁명 시대를 맞이하여 미래 먹거리인 대체 단백질 식품에 대한 관심이 증가하는 추세로서 다양한 푸드테크 연구들을 진행하고 있다. 이러한 시대적 트렌드는 가축 기반 축산업이 자원과 환경에 미치는 영향을 고려하여 가축 사육 방식에 대한 심도 있는 고민이 필요로 한 시점에 도달한 것으로 보인다.

2019년 7월 축산법 시행규칙에서 식용곤충은 "가축으로 정하는 기타 동물"을 개정하여 가축 범주로 들어 왔으며, 축산업의 범위 내에서 지원을 받을 수 있게 되었다. 산업 규모도 국내 곤충 산업 시장은 계속적으로 증가하고 있으며 세계 시장 규모는 38조 원에 이른다고 보고되었다. 이처럼 식용곤충은 영양학적으로 우수한 구성 성분을 보유하고 있으며, 저비용으로 사육할 수 있다는 측면에서 작은 가축이라 불리면서 새로운 도약을 준비하고 있다. 선진국들은 이미 스마트팜 기술을 적용한 식용곤충 생산 공장을 준공하여 곤충의 식용화를 위하여 다양한 준비에 들어갔으며, 그 중심에 단백질 열풍이 불고 있다는 점에서 식용곤충 산업을 블루오션으로 규정하고 기능성 소재화 산업을 활성화하는 데 주력하고 있다. 또한 코로나 바이러스 감염증(COVID-19) 등의 상황으로 건강과 면역의 중요성이 인식되고 있어, 식용곤충 단백질의 소재화 기술 개발은 꾸준히 지속될 것으로 판단된다.

그러므로 식용곤충 기능성에 대하여 다양한 토론을 통하여 식용곤충의 기능성 소재화를 위한 다양한 산업에 대한 의견을 제시하고 신성장 동력으로 전통적인 축산 식품과의 공존에 대하여 고민할 필요가 있다.

●●● 대체 식품의 정의와 식용곤충 시장 현황

국내에서 식용곤충은 점차 시장 확대의 증가하고 있는 추세이며 이에 따라 식용으로 섭취가 가능한 곤충의 종류도 2024년 현재 10가지로 증가했다. 현재 풀무치, 메뚜기, 백강잠, 식용누에유충, 번데기, 갈색거저리유충, 쌍별귀뚜라미, 흰점박이꽃무지 유충, 장수풍뎅이 유충, 아메리카왕거저리 유충(탈지 분말), 수벌 번데기 등 총 10종이 식품 원료로 사용 가능한 식용곤충으로 식약처로부터 인정받았다. 또한 식용곤충의 중금속 통합기준안을 2021년 3월 개설하여 기존에 중금속 기준이 설정되어 있던 갈색거저리 유충, 흰점박이꽃무지 유충, 쌍별귀뚜라미, 장수풍뎅이 유충 4종을 제외한 나머지 식용곤충 또한 납, 카드뮴 및 무기비소 모두 0.1mg/kg이라는 기준을 적용받게 되었다. 이는 식품안전관리 강화와 더불어 식용곤충 산업에 안전성을 증진시킬 수 있을 것이라고 사료된다. 메티큘러스 리서치에 따르면 2023년 식용곤충 시장은 약 12억 달러 규모로 성장할 것이라고 평가받고 있으며, 사료 및 식품으로써의 활용도가 증대할 것이라고 평가했다. 농림축산식품부에 따르면 국내 곤충 산업 규모는 2011년 약 1680억 원에서 2020년 약 7000억 원으로 증가했다. 이러한 시장 규모의 확대와 더불어 다양한 제품 개발이 이루어지고 있으며, 단순 환이나 분말 형태가 아닌, 시리얼, 파스타면, 케익, 빵 등 가공 식품에 첨가되는 것은 물론, 식용곤충의 원형을 유지하여 시그니처 제품의 판매도 진행하고 있다. 식용곤충은 전 세계적으로 약 20억 명 이상이 섭취하고 있으며, 문헌상 1,900여 종 이상의 종이 소비되고 있는 것으로 조사되었다. 전통적으로 국내에서는 문헌상 소비되고 있는 다양한 식용곤충이 존재하며 이에 따라 식용곤충으로의 원료로써의 전환의 이루어지기도 한다.

〈표 3-3〉 가축으로 정하는 기타 동물(농림축산식품부 고시 제2019-36호)

분류	종	학명	외관
식용	갈색거저리 유충	*Tenebrio molitor*	
	장수풍뎅이 유충	*Allomyrina dichotoma*	
	흰점박이꽃무지 유충	*Protaetia brevitarsis*	
	누에(유충, 번데기)	*Bombyx mori*	
약용	왕지네	*Scolopendra subspinipes mutilans*	
사료용	갈색거저리 유충	*T. molitor*	
	건조귀뚜라미 (왕귀뚜라미)	*Teleogryllus emma*	
학습 애완용	장수풍뎅이	*A. dichotoma*	
	애반딧불이	*Aquatica lateralis*	
	늦반딧불이	*Pyrocoelia rufa*	
	넓적사슴벌레	*Dorcus titanus*	
	톱사슴벌레	*Prosopocoilus inclinatus*	
	여치	Tettigoniidae	
	왕귀뚜라미	*Teleogryllus emma*	
	방울벌레	*Meloimorpha japonica*	

분류	종	학명	외관
화분 매개용	호박벌	*Bombus ignitus*	
	머리뿔가위벌	*Osmia cornifrons*	

출처: 국립생물자원관 한반도의 생물 다양성

<표 3-4> 국내 식품 원료로 허용된 식용곤충

연번	품목명		학명	비고
1	메뚜기		*Oxya joponica* Thungberg	전래적 식용 근거로 원료 인정
2	백강잠		누에(*Bombyx mori* L.)의 유충이 백강병균 *Beauveria bassiana* Bals.) Vuill.의 감염에 의한 백강병으로 경직사한 몸체	
3	식용 누에 유충, 번데기		*B. mori* L.	
4	갈색거저리 유충		*T. molitor L.*	한시 인정 원료 → 일반 원료로 전환 (2016. 3.)
5	쌍별 귀뚜라미		*Gryllus bimaculatus*	
6	흰점박이 꽃무지 유충		*P. brevitarsis*	한시 인정 원료 → 일반 원료로 전환 (2016.12.)
7	장수풍뎅이 유충		*A. dichotoma*	
8	아메리카왕거저리 유충 (탈지 분말)		*Zophobas atratus*	한시 인정 원료 (2020. 1.) → 일반 원료로 전환(2022. 6.)
9	수벌 번데기		*Apis mellifera L.*	한시 인정 원료 (2020. 7.) → 일반 원료로 전환(2022. 6.)
10	풀무치		*Locusta migratoria*	한시 인정 원료 (2021.9.13.)

곤충 섭취에 대한 역사적 고증

식용곤충의 이용은 국내의 『동의보감』을 비롯한 고문헌에서 조사되어 전 세계적으로 소비가 확인되고 있다. 선사 시대에는 포유류 등의 사냥보다는 상대적으로 곤충의 채집이 쉬웠기 때문에 주요 단백질원으로써 소비되었다. 그러나 농경 시대 이후로 가축 등의 사육으로 인해 식용곤충의 채집 활동이 줄어들게 되어 식용곤충의 소비가 감소했다. 또한 식용곤충의 경우 계절적 요인 등 채집이 쉽지 않아서 주로 단백질 식품보다는 약용자원으로 활용도가 높은 것으로 보여진다. 현재 전 세계 3분의 1 이상의 인구가 곤충을 식용화 또는 약용화하여 이용하고 있으며, 아시아, 남아메리카, 아프리카 등을 걸쳐 약 1,900여 종 이상의 곤충이 소비되고 지고 있다.

곤충의 식량 자원

아시아에서 소비되는 식용곤충으로는 메뚜기, 누에 번데기 또는 유충, 등을 비롯한 다양한 곤충이 이용되고 있다. 중국의 경우 약 2,000년 이상 곤충을 섭취했으며, 대략적으로 324종의 식용곤충이 이용되고 있는 것으로 알려져 있다. 인도는 약 255종 이상의 곤충이 섭취되고 있으며, 이외에도 말레이시아, 미얀마, 네팔, 파키스탄, 인도네시아, 베트남 등 다양한 동아시아에서 곤충을 식량 자원으로서 활용하고 있다. 아프리카는 현재까지 수렵 및 채집을 통한 식량 자원의 확보가 이루어지고 있으며, 약 1,500여 종 이상의 곤충이 식용으로 소비되고 있다. 국가 및 지역별로 식용곤충의 문화가 다양하게 존재하고 있으며, 영양학적으로 중요한 자원으로써 식용곤충을 이용하고 있다. 남아메리카에서도 일부 아마존 부족에서 곤충을 식용으로 섭취하고 있으나, 전쟁으로 인해 서구문화의 영향을 크게 받아 식용곤충의 이용이 크게 저하되었다. 유럽에서는 전통적으로 식용곤충의 이용은 이루어지지 않은 것으로 알려져 있으나, 최근에는 네덜란드를 포함한 다양한 나라에서 대체 단백질 자원의 필요성이 증대됨에 따라 식용곤충 유래 단백질 소비가 활용되고 있다. 식용곤충의 가열 방법으로는 데치기, 삶기, 찌기, 튀기기, 굽기, 훈연 등을 이용하여 식용곤충을 섭취하고 있으며, 염지 등을 통한 가공 방법도 식용곤충을 이용하기 위한 하나의 방법으로 활용되었다.

곤충의 약용 자원

식용곤충은 약용으로써 효용이 크기 때문에 전통적으로 의약 목적으로 이용되고 있다. 대부분의 약용곤충은 약용식물과의 혼합을 통하여 이용되었으며, 분말화하여 환을 만드는 등 다양한 가공 방법을 통하여 이용되었다. 인도의 차티스가르에서는 자트로파 잎에 사는 애벌레를 이용하여 수유를 촉진시키는 데 사용으며, 발열, 동물에게 물린 상처, 괴저 등을 치료하기 위하여 사용했다. 또한 아프리카에서 불개미를 호흡기 관련 질환의 치료 또는 출산에 도움을 주는 목적으로 사용했다. 이외에도 메뚜기, 흰개미, 일벌, 바퀴벌레, 사마귀 등을 이용하여 마취, 옴, 간질, 출혈 등을 치료하기 위하여 사용되고 있다. 중국에서 약용곤충의 이용은 2,000년 이상 이어진 것으로 알려져 있다. 곤충의 약용으로써의 이용으로는 『주기(周記)』, 『산해경(山海經』, 『신농본초경(神農本草經)』,『명의별녹(名醫別錄)』, 『본초(本草經集主)』,『본초강목(本草綱目)』 등에 의해 확인되고 있으며, 현재까지 문헌상 약 300종 이상의 곤충이 이용되고 있는 것으로 알려져 있다. 일본의 『약용곤충목록(藥用昆蟲目錄)』, 『곤충본초』 등 또한 약용으로 이용할 수 있는 곤충을 설명하고 있다. 우리나라에서는 『동의보감』에 의해 약 95종의 곤충이 약용으로 쓰일 수 있다고 서술되어 있으며, 일부 문헌에서 발췌된 기록을 통해 역사적 고증을 거쳐 식용 및 약용곤충의 선정에 활용하고 있다.

●●● 식용곤충의 소재화 신기술 개발 현황

식용곤충의 소재화 신기술 개발은 다양한 방면으로 연구를 진행하고 있으며, 주로 단백질 소재화, 지질 소재화 및 키틴질을 키토산으로 변환시키는 기술 등이 연구 중에 있다. 식용곤충의 맛과 풍미는 곤충의 품종에 따라 다르게 나타나며, 크게 원재료를 가공하는 것과 단백질과 지방(오일)류, 다당류, 키틴과 같은 당단백 물질 등을 구분하여 가공하는 것으로 나뉠 수 있다. 가공 공정별로는 선별공정, 데치기, 건조, 추출, 저장 등의 공정을 활용할 수 있다. 식용곤충에 대한 혐오감을 줄이는 방법으로 다양한 기술이 개발되고 있으며, 대체 식품으로서의 부가 가치를 높일 수 있는 방향으로 연구가 이루어지고 있다.

〈표 3-5〉 식용곤충 소재화 신기술 현황

식용곤충 종류	신기술	소재 활용(제품)	참고 문헌
흰점박이 꽃무지 유충 (*P. brevitarsis*)	탈지 기술	곤충 단백질	Kim et al., 2021
갈색거저리 성충 (T. molitor)	분말화	빵	Roncolini et al., 2019
	분말화	시리얼	Azzollini et al., 2016
	분말화	소시지	Choi et al., 2017
	오일 추출	곤충 오일	Alves et al., 2019
멕시코 메뚜기 (*Shenarium purpurascens*)	분말화	과자	Cuj-Laines et al., 2019
집귀뚜라미 (*Acheta domesticus*)	분말화	파스타	Duda et al., 2019
	분말화	빵	Osimani et al., 2018
바퀴벌레 (*Nauphoeta cinerea*)	분말화	빵	de Oliveira et al., 2017
Coconut borer (*Pachymerus nucleorum*)	오일 추출	곤충 오일	Alves et al., 2019
메뚜기 (*Ruspolia differens*)	건조 기술	건조 곤충	Fombong et al., 2017
메뚜기 (*Locusta migratoria*)	효소 가수 분해	곤충 단백질	Purschke et al., 2018
아메리카동애등에 (*Hermetia illucens*)	키틴 추출	키틴 중합체	Brigode et al., 2020

원재료를 활용한 소재화 기술

일반적인 곤충의 생애는 알, 애벌레, 번데기, 성충의 형태로 성장하며, 변태 과정에서 주요한 구성 성분의 변화가 발생한다. 안전한 식용곤충을 식품으로 활용하기 위해서는 곤충의 변태 단계를 구분하여 활용하여야 한다. 식용곤충 자체로 가공하기 위해서는 건조 공정을 진행한 후 분말화하여 사용하거나, 음료, 쿠키, 식빵, 소시지, 토르티야, 파스타, 초콜릿, 시리얼, 양갱 등 다양한 식품군에 활용이 가능하다. 특히 국내에서는 갈색거저리 유충을 활용한 어묵, 돈까스, 탕수육 등의 제품으로 학교 급식으로 납품되는 등 원재료의 활용 및 식품 적용을 통한 활용도 증진을 위한 방안이 활발히 진행되고 있다. 또한 양주시와 한국외식과학고등학교는 식용곤충 요리대회를 지속적으로 개최하여 활용성을 증진하기 위한 방안을 설계하는 등 지자체, 학교, 기업 등이 협력하여 식용곤충의 보급을 위하여 지속적으로 노력하고 있다. 전 세계적으로 식용곤충을 제조하는 기업들은 대부분 별다른 가공 공정 없이 건조된 상태로 판매하고 있다고 조사했으며, 주요 가공 상품으로는 스낵 바, 에너지 바, 분말 등을 귀뚜라미, 메뚜기, 갈색거저리 등을 이용하여 가공하고 있다.

단백질 소재화 기술

식용곤충 단백질 소재화 기술은 식용곤충에 포함되어 있는 단백질을 물리적 또는 화학적으로 추출하여 소재화하는 것을 말한다. 식용곤충 단백질의 영양학적 품질 특성을 향상시키고 있으며, 외형적 변화가 매우 크게 일어나기 때문에 소비자의 혐오도를 급격히 낮출 수 있다. 또한 식용곤충 단백질의 농도가 증가함에 따라 가공학적 특성이 향상하고 이에 따라 식용곤충 단백질의 겔화, 유화, 거품형 성능 등을 향상시키고 있다. 단백질의 기능성을 향상시키기 위하여 펩타이드의 분리 분해를 통해 항산화, 항균, 항고혈압, 면역, 항암, 항염 등 다양한 기능성 소재로써의 효과를 보이고 있다.

단백질의 소재화를 위하여 대부분의 곤충은 블랜칭, 건조 및 탈지 공정을 거치며, 단백질의 추출을 위하여 pH, 이온 강도, 추출 온도 등을 변화시켜 추출하게 된다. 또한 높은 활성의 펩타이드를 추출하기 위하여 효소를 이용하여 생리 활성을 증대시키고 있으며, 이를 통한 가공학적 기능성도 향상시키는 연구 또한 진행되고 있다. 높은 활성의 식용곤충 단백질 생리 활성 때문에 미래 식품으로써의 가치가 향상되고 있으며, 이에 따라 식용곤충에 대한 관심과 선호도는 점차 증가하고 있다.

●●● 기능성 소재로서의 식용곤충의 이용

항산화 활성

항산화 활성은 산화를 방지하는 능력을 말하는 것으로서, 항산화 활성을 갖는 물질들은 세포 내 존재하는 불안정한 분자인 자유 라디컬(free radical)로 인해 유발될 수 있는 세포 손상을 억제하여 다양한 질병(암, 심혈관계 질환, 노화 등)을 예방하는 것으로 알려져 있다. 식품 산업에서도 식품의 산화 방지를 위한 다양한 항산화제가 사용되고 있다. 식용곤충의 추출물로부터 항산화 활성을 연구하고 있으며, 국내에서도 식품 원료로도 사용이 가능한 누에 유충(Bombyx mori)은 다양한 연구들에서 항산화 활성이 있다고 보고되었다. 성충과 유충에서 분리한 단백질로부터 효소 가수 분해를 실시하여 얻은 가수 분해물이 다양한 자유 라디컬을 효과적으로 소거하는 것으로 보고되었다. 항산화 활성이 우수한 가수 분해물들은 체내 소화 모델을 적용한 뒤에도 그 항산화 활성이 유지되는 것을 확인하여 안정성이 확보된 항산화 소재로서 다양한 산업에서 기능성 소재로서의 활용이 가능할 것으로 보고되었다.

항균 활성

식용곤충의 대표적인 항균 활성을 나타내는 성분으로는 항균 펩타이드(Anti-microbial peptide, AMP)가 있다. 항균 펩타이드는 곤충에게 특정 균을 면역하여 곤충 내에 생성된 항균 펩타이드를 분리/정제하여 수득할 수 있다. 이렇게 생성된 다양한 항균 펩타이드들은 그람 양성 및 음성균에 대해 항균 활성이 있다고 보고되었다. 국내 식용곤충으로 판매되고 있는 흰점박이꽃무지 유충(P. brevitarsis)의 항균 펩타이드 연구가 있다. Escherichia coli 균을 유충에 접종하여 항균 펩타이드인 Psdefensin을 분리했고, 이 항균 펩타이드의 항균 활성을 그람 양성균(Bacillus subtilis), 그람 음성균(E. coli)을 통해 확인하여 기능성 소재로서의 활용 가능성을 보고했다. 장수풍뎅이(A. dichotoma) 유충에서 얻은 항균 펩타이드 Allomyrinasin의 E coli, Staphylococcus aureus에 대한 항균 활성 연구 결과도 보고되었다.

<표 3-6> 식용곤충 유래 생리 활성 성분

식용곤충 종류	생리 활성	생리 활성을 보이는 성분	참고문헌
누에 유충(*B. mori*)	항산화 활성	단백질 가수 분해물	Wu et al., 2011
누에 성충(*B. mori*)	항산화 활성	단백질 가수 분해물	Liu et al., 2017
흰점박이 꽃무지 유충 (*P. brevitarsis*)	항균 활성	펩타이드(Psdefensin)	Lee et al., 2016
장수풍뎅이 유충 (*A. dichotoma*)	항균 활성	펩타이드(Allomyrinasin)	Lee et al., 2019
갈색거저리 유충 (*T. molitor*)	항고혈압 활성	펩타이드(Tyr-Ala-Asn)	Dai et al., 2013
누에 유충(*B. mori*)	항고혈압 활성	단백질 가수 분해물	Wu et al., 2011
누에 번데기(*B. mori*)	항고혈압 활성	펩타이드(Ala-Ser-Leu)	Wang et al., 2011
누에 유충(*B. mori*)	항암 활성	에탄올 추출물	Cho et al., 2019

식용곤충 종류	생리 활성	생리 활성을 보이는 성분	참고문헌
갈색거저리 유충 (*T. molitor*)	항비만 활성	에탄올 추출물	Seo et al., 2017
집파리 유충 (*Musca domestica*)	항당뇨 활성	물 추출물	Li et al., 2017
꽃매미 성충 (*Lycorma delicatula*)	항염증 활성	물 추출물	Baek et al., 2018

항고혈압 활성

항고혈압 활성은 심혈관계 질환을 예방할 수 있는 중요한 기능성이다. 심혈관계 질환은 국내에서도 서구화된 식습관, 운동 부족, 과도한 스트레스 등 다양한 생활 요인으로 발병률이 높아지고 있다. 식용곤충 유래 다양한 펩타이드들은 인체 내에서 혈압을 조절하는 데 주요한 시스템인 레닌-안지오텐신(renin-angiotensin) 시스템의 주요 효소인 안지오텐신 전환 효소(angiotensin-converting enzyme)를 효과적으로 억제하여 혈압이 높아지는 것을 예방하는 것으로 보고되었다. 국내에서 밀웜으로 잘 알려진 갈색거저리(T. molitor) 유충으로 얻은 펩타이드가 항고혈압 활성이 보고된 바 있다. 안지오텐신 전환 효소를 효과적으로 억제하는 트리펩타이드(Tyr-Ala-Asn)는 갈색거저리 유충의 가수분해물로부터 분리 및 정제됐다. 이 효과는 자발성 고혈압 흰쥐(Spontaneously hypertensive rat) 동물 모델에서도 확인되었다. 기능성 소재로서 해당 펩타이드의 활용 가능성이 보고되었다. 누에의 유충과 성충으로부터 얻은 단백질 가수 분해물들의 항고혈압 활성도 소개되었다.

기타 생리 활성

식용곤충은 기존에 보고되었던 항산화, 항균, 항고혈압 활성 작용 이외에도 다양한 생리활성들이 보고되고 있다(<표 3-6>). 유충 추출물이 인체 유래 간암세포인 HepG2 세포의 생장을 효과적으로 억제한다고 밝혀졌으며, 갈색거저리 유충(T. militor)의 에탄올 추출물이 지방전구세포인 3T3-L1 세포의 지방세포로의 분화를 유의적으로 억제한다는 연구 결과가 보고되어 항비만 소재로서의 활용 가능성을 제시했다. 아직까지 국내에서 식용으로서 허가가 되지는 않았지만, 집파리 유충(Musca domestica), 꽃매미 성충(Lycorma delicatula)으로부터 얻은 추출물의 항당뇨, 항염증 활성 등이 보고되어 식용곤충이 단백질을 대체하는 식품으로서의 역할뿐 아니라 기능성 소재로서 기능성 식품 산업에서 활용될 수 있음을 소개했다.

●●● 식용곤충 산업의 미래

세계 곤충시장은 유럽·북미 등을 중심으로 곤충 관련 기업에 대한 투자가 증가 추세이다. 국내에서는 곤충 산업 참여 농가·업체가 확대되고 있으며, 곤충 판매액도 급격하게 증가했다. 정부는 곤충 분야를 첨단 생명 소재 산업으로 육성하여 산업 규모를 2025년까지 1,400억 원, 고용 규모를 9,000명까지 확대한다는 목표를 세워서 추진하고 있다. 이러한 목표를 달성하기 위해 농림축산식품부에서는 부가 가치 제고, 인프라 구축 및 지원 기반 강화를 종합계획 목표로 추진하고자 하고 있다. 부가 가치 제고의 추진 전략은 식용곤충 소재 및 기술 등 연구 개발 확대와 수요처 발굴 및 수출 확대를 진행할 예정이다. 인프라 구축은 조직화된 곤충 산업화 단계별 주체 육성, 생산 방식의 스마트화를 진행하며, 지원 기반 강화 분야는 식용곤충 관련 제도 및 규제 개선, 곤충 산업 인식 개선을 세부 추진 과제를 마련해 추진할 예정이다. 그러므로 곤충 분야를 첨단 생명 소재 산업으로 육성하여 농촌경제 활성화, 친환경 소재 개발 등 다방면으로 성과를 창출할 수 있을 것으로 기대된다.

●●● 결론

식용곤충은 환이나 분말 형태의 건강식 위주의 제품을 넘어 시리얼, 쿠키, 초콜릿 등 다양한 가공 식품으로도 개발되고 있다. 또한 식용곤충 소재는 기능성 환자식 식품, 반려동물 간식, 의료용 소재 등으로 시장이 확대되고 있는 추세이다. 식용곤충 산업의 미래는 곤충 유래 대체 단백질 소재 등 고부가 가치 소재 개발, 고령자 맞춤형 기능성 소재로서 치매 예방과 같은 인지 개선 및 근감소증 예방 소재를 활용한 기능성 소재 개발을 진행할 예정이다. 그러므로 식용곤충은 기능성 식품 수요 확대에 대응하여 곤충의 기능성, 유효 성분을 발굴, 건강 기능 식품에 대한 개발들이 주류를 이룰 것으로 보인다. 최근 학교 급식으로 갈색거저리에서 자란 동충하초 버섯을 활용한 어묵이 제공되었으며, 학생들은 큰 거부감이 없었으나 일부 학부모들은 부정적인 의견을 나타내었다. 소비자들은 식용곤충을 일상에서 접할 수 있는 식품이 아니라 건강이나 환경을 위해서 먹을 때 찾을 수 있는 식품으로 생각하고 있다. 그러므로 식용곤충에 대한 소비자들의 부정적인 인식을 개선하는 것이 가장 큰 쟁점으로 보인다. 따라서 식용곤충에 대한 부정적인 인식을 개선하기 위해서는 다양한 기능성 소재로 활용할 수 있는 소재 기술이 개발되어야 할 것으로 사료된다.

식용곤충의 새로운 가능성

●●● 식용곤충 가공 제품 현황

식용곤충의 원재료는 백장감, 식용 누에 유충, 메뚜기, 갈색거저리 유충, 흰점박이꽃무지 유충, 장수풍뎅이 유충, 쌍별귀뚜라미 성충, 아메리카왕거저리 유충, 수벌 번데기, 풀무치 등 총 10종의 식용곤충이 식품의약품안전처의 인정을 받아 다양하게 개발되어 식품 소재로서 활용되고 있다. 이들은 전통적으로 식용곤충을 섭취하는 국가 또는 지역에서 발견되고 있으며, 농경사회 이전에는 식량의 채집이 어려워 식용곤충의 섭취가 많지 않았으며, 농경사회 이후에는 식량이 부족할 때 곤충을 구황식품으로 또는 대용식품으로 활용했다. 꿀벌이 생산하는 꿀을 이용하는 모습은 구석기 시대에 그린 동굴의 벽화에서도 볼 수 있지만, 직접 곤충을 식용으로 했다는 기록은 중국에서 이미 기원전에 나온 책에 왕후가 벌이나 매미를 먹은 것으로 나와 있다. 동남아시아·아프리카·남아메리카의 벽지에서는 식용곤충을 섭취하는 풍습이 유지되고 있으며, 다양한 종류의 곤충을 섭취하고 있는 것으로 알려져 있다. 현재 국내는 영농 기술과 어로 기 술이 발달됨에 따라 풍부한 식량을 얻을 수 있어 식용곤충을 섭취하는 풍습이 점차 사라지고 있으며, 일부 약용으로 곤충을 이용하고 있다.

한국은 농촌에서 벼메뚜기와 누에번데기를 어린이의 간식으로 약간 이용하고 있을 뿐 일반가정에서 곤충을 섭취하는 경우는 거의 없다. 대한민국에서는 예로부터 메뚜기와 번데기를 주로 식용으로 사용했다. 식품의약품안전처에 의해 2014년에는 갈색거저리와 흰점박이꽃무지 유충이 2020년에는 아메리카왕거저리, 수벌 번데기 등이 식품 원료로써 인정되었고, 2021년에는 풀무치가 한시적 식품 원료로 인정받았다. 이들 갈색거저리와 흰점박이꽃무지 유충은 애칭 공모를 통해 각각 '고소애'와 '꽃뱅이'란 이름으로 불리며, 장수풍뎅이 유충과 귀뚜라미도 한시적인 식품원료로 인정되었다. 현재 국내에서 유통되는 식용곤충을 활용한 제품은 다양하지는 않은 편이나, 현재까지 대부분 원료 원형 그대로 섭취되거나 쿠키나 에너지 바 등에 일부 첨가되는 식으로 판매되고 있고 일부는 환의 형태로 가공하여 판매되고 있다.

〈표 3-7〉 국내 유통 식용곤충 제품 현황

제품 이미지					
제조사/판매사	오엠오/오엠오	조은약초/조은약초	오엠오/오엠오	풀잎애/풀잎애	이더블㈜/이더블(주)
제품명	건조고소애	고소애	하루식사, 단백질을 담다	영양건조 고소애	이더블버그
제품 이미지					
제조사/판매사	지리산곤충연구소 농업회사법인/풀잎애	안성시곤충산업연구회 식용곤충가공센터	㈜서해농산	농업회사법인 라미팜㈜/㈜푸드바이오	한미양행/한미양행
제품명	통곡물초코크런치	굼벵이 엑기스	크리켈밸리	라미파워	나를 위한 꽃뱅이 젤리스틱
제품 이미지			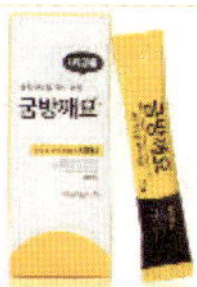		
제조사/판매사	보길도 식용곤충 연구소	용대찐빵	㈜성암인섹트	선경식품/농업회사법인 유한회사 풍경	
제품명	황칠나무 꽃뱅이 환	영양쌀찐빵	굼방깨요	꽃뱅이를 담은 환	

식용곤충 시장 전망

미래 인구 증가에 따른 식량 부족과 환경 문제의 해결책으로서 식용곤충의 필요성은 잠재적으로 계속해서 증가하고 있다. 한국농촌경제원에 따르면 세계적으로 식용곤충 섭식 인원은 약 2억 명으로 예상되며, 향후 10년간 섭식 인원은 유럽 및 미국 지역에서만 약 10억 명이 넘을 것으로 전망된다. 이렇듯 식용곤충은 기존 단백질 공급원의 대체 가능성이 높은 영역으로 평가되고 있다. 글로벌 마켓 인사이트(global market insight)는 세계 곤충 산업 규모가 2026년 약 7억 1,000만 달러를 형성하는 등 큰 폭으로 성장할 것이라고 예상했다. 식용곤충을 주로 소비하는 아시아·태평양의 경우 2015년 이미 약 1,200만 달러의 곤충 식장을 확보하고 있으며, 태국의 경우 2만 개 이상의 농가에서 1년에 7,500톤의 생산량을 유지하고 있다. 중국의 HaoCheng Mealworm의 경우 갈색거저리와 아메리카 왕거저리를 한 달에 50톤 이상 생산량을 확보하며, 전 세계에 약 200톤을 수출하고 있다. 유럽의 경우 대표적으로 영국, 벨기에, 네덜란드, 스위스, 핀란드, 오스트리아, 덴마크 등이 식용곤충의 상용화가 활발히 이루어지고 있다. 또한 환경 문제와 더불어 건강에 대한 관심이 증가하면서 북미에서도 식용곤충 산업이 급성장하고 있다. 식용곤충 시장은 전 세계적으로 증가하고 있으며, 최첨단 기술인 푸드테크 기술이 접목되어 가공 기술 및 방식, 제품의 종류에 대한 다양성도 점차 증가되어 가고 있는 것으로 보인다.

식용곤충 시장의 성장을 위해 국내에서도 지속적으로 노력하고 있다.

농림축산식품부는 2005년부터 “제1차 곤충산업 육성 5개년 계획”을 주도하며 식용곤충 시장을 확대하여 왔으며, “제2차 곤충산업 육성 5개년 계획” 등이 진행돼 곤충 자원의 시장 확대 및 새로운 곤충산업 창출을 위한 노력이 지속되고 있다. 농촌진흥청에 따르면 국내 곤충 사육 농가는 큰 폭으로 증가하고 있으며, 국내 곤충산업의 시장 규모도 계속적으로 증가하고 있다. 그러나 식용곤충 시장의 발전에는 아직도 높은 장벽이 남아 있다. 이러한 장벽을 허물기 위해서는 다양한 푸드테크 기술과 접목하여 혁신적인 기술 개발이 필요하며, 이를 바탕으로 식문화의 변화를 줄 수 있는 다양한 홍보 등이 필요할 것으로 보인다.

●●● 결론

식용곤충은 세계의 식량 안보에 대한 해결책으로 현재까지 환경 문제, 건강 기능성 등에서 우수한 식품 자원이 될 것으로 전망된다. 특허 기술로는 식용곤충의 가공 방법과 사양, 기능성에 대한 부분에 중점을 두고 있으며, 점차 특허의 출원 수가 증가하고 있는 추세이다. 논문 분석의 경우 식용곤충의 안정성 및 식량 자원으로서의 잠재성에 대한 내용이 많으며, 특허 출원 수와 마찬가지로 점차 증가하고 있는 추세이다. 대부분의 식용곤충 제품의 경우 원물의 건조 형태 또는 가루나 환 형태로 이루어지고 있으며, 혐오스러운 형태의 극복을 위하여 쿠키 또는 에너지 바 등에 일부 첨가되어 제품화되고 있다. 전 세계적으로 푸드테크 기술을 통하여 식용곤충 시장은 급격히 확대되고 있으며, 이와 마찬가지로 국내 식용곤충 및 곤충 산업의 규모도 증가하고 있다. 따라서 식용곤충은 미래 식량 자원으로서의 시장성을 확보하고 있으며, 이에 대한 안정성 및 가공 기술에 대한 개발이 활발히 진행되어야 한다.

제4편

음식이 된 곤충

셋이 먹다가 둘이 죽어도 모른다

식용곤충을 활용한 요리조리

●●● 요리에 사용된 식용곤충 알아보기

영양덩어리 "꽃벵이"를 아시나요?

1. 매력적인 먹거리

필자는 한때 농촌진흥청(경상남도농업기술원) 정책 사업인 경남곤충산학연협력단의 일을 맡고 난 후 '첫사랑 꽃순이'보다 '내사랑 꽃벵이'에 빠져 이 녀석을 뜨겁게 사랑하고 있었다. 알면 알수록 혼자 사랑하기에는 너무나 아까운 '매력덩어리'이기에 그 사랑을 함께 나누고 싶어서 여기에 소개한다.

"꽃벵이"의 정식 이름은 '흰점박이꽃무지(Protaetia brevitarsis)'이다. 족보상으로는 '딱정벌레목 꽃무지아과'로 분류된다. 흰점박이꽃무지 유충을 우리들은 예로부터 "굼벵이"라 불렀다. 그런데 '흰점박이꽃무지'는 부르기가 상당히 어렵고 또한 벌레라는 막연한 거부감 때문에 새로운 명칭에 대한 필요성이 그간 꾸준히 제기되어 왔다. 그러던 차에 정부에서 국민들이 친근한 이미지를 갖고 쉽게 소비할 수 있도록 유도하기 위해 새 이름 짓기 공모 행사를 진행했다. 이때 얻은 애칭이 바로 흰점박이꽃무지의 '꽃'과 굼벵이의 '벵이'를 합성해서 만든, "꽃벵이"다. 꽤 예쁜 이름이다. 이 녀석들은 새 이름을 얻고 난 이듬해인 2016년 12월에 식품으로서의 안전성까지 입증받아 "식품공전"에 등재되면서 지금은 누구든지 자유롭게 식품 원료로 사용이 가능해질 만큼 몸값도 한층 높아졌다. 이 정도는 이미 앞에서 여러 번 언급했기 때문에 알고 있을 것이다.

그깟 애벌레가 어째서 이렇게 귀한 대접을 받게 되었을까? 첫 번째 답은 "꽃벵이"가 가진 강력한 약성과 약리 효과 때문이다. 이들 효능에 관해서는 오랜 역사성을 자랑한다. 지금으로부터 420여 년 전에 편찬된 『동의보감』에 간 질환에 좋은 약제로 이미 기록되어 있고 또한 고문헌인 『본초강목』에도 악혈, 어혈 등을 치료하는 데 이용한다고 되어 있을 뿐만 아니라 민간요법에서도 천연 자원의 약재로 오랫동안 애용되어 왔다. 최근 들어 한방의서 문헌 기록 등을 근거로 많은 연구자들이 간 기능 개선, 당뇨나 혈관 질환 등에 대한 약리 효능을 검증했으며, 이를 토대로 식의약용 산업화를 위한 연구도 본격화되고 있다.

"꽃벵이"가 귀한 대접을 받는 또 다른 이유는 바로 '영양덩어리'라는 점이다. 우리 몸에 꼭 필요한 3대 영양소 중 하나인 단백질 함량이 무려

57.86%로, 이는 난류 8.5~14.4%, 육류 15.2~34.7%, 어류 10.4~47.7%와는 비교할 수 없을 만큼 월등하게 높다. 이외에도 우리 몸에 좋은 불포화지방산이나 무기질 등이 풍부하게 들어 있어서 식품으로서의 기능성과 영양성도 탁월하다.

적고 보니 무슨 약장사 같은 느낌도 살짝 들지만, 여기에 언급된 내용은 학술적 논문을 근거로 한 것이기 때문에 믿을 만하다. 이 글을 작성할 때 틀어 놓은 "꽃순이를 아시나요"의 노래가 이제는 "꽃벵이를 아시나요"로 들린다. 장담컨대, "꽃벵이"는 노래 가사 속의 '어여쁜 꽃순이'보다 훨씬 더 예뻐해도 좋을 만큼 '매력 만점-영양 만점'이다.

2. 혈전 치유와 혈행 개선에 좋아요

식용곤충인 꽃벵이(흰점박이꽃무지 애벌레)는 오래전 민간요법이나 『동의보감』 등의 전통 한방의서에 간에서 비롯되는 질병(간암, 간경화, 간염, 누적된 피로의 해소 등)을 포함해 월경 불순, 시력 감퇴, 백내장, 금창), 산후풍, 악성 종기, 구내염, 파상풍, 중풍 등의 성인병을 치료하는 데 효과가 있다고 기록되어 있다. 최근의 연구에서 꽃벵이에서 분리한 물질이 혈전 치유와 혈액 순환(혈행) 개선에 큰 효과가 있는 것으로 나타났다. 농촌진흥청은 'Top 5 융복합 프로젝트'의 '곤충 이용 식품 및 의약 소재 개발' 연구의 하나로 추진한 연구에서 꽃벵이에서 분리한 '인돌 알칼로이드(indole alkaloid)'라는 물질이 혈전 치유와 혈행 개선에 효과가 있음을 동물 실험 등을 통해 과학적으로 구명했다.

주요 실험 결과를 보면 시험관(in vitro)에 '인돌 알카로이드'를 처리한 결

<그림 4-1> 혈전 치유와 혈액 순환 개선 효과가 입증된 꽃벵이(출처: 농촌진흥청 국립농업과학원)

과, 혈액을 응고하는 인자의 활성을 70%가량 억제하면서 혈전 생성량을 60%~70%가량 줄이는 효과가 있었다. 또 '인돌 알카로이드'는 혈액 응고를 일으키는 당단백질인 '피브린'의 응집을 70% 저해하고, '혈소판'의 응집을 60%가량 억제하는 것으로 나타났다. 경동맥 혈전증이 있는 동물(쥐)에게 '인돌 알카로이드'를 투입한 결과, 혈전의 크기와 생성을 50% 억제하는 것을 확인했다. 폐 혈전증이 있는 동물(쥐) 실험에서는 혈액 응고 인자인 '콜라겐'과 혈관 수축 물질인 '에피네프린'에 의한 치사율을 70%가량 줄이는 데 효과가 있었다.

팔방미인 "고소애"를 아시나요?

1. 이색적인 먹거리

갈색거저리의 애벌레는 흔히 밀웜(mealworm)이라 불리는데, 주로 애완동물의 먹이와 식용 곤충으로 많이 사용되고 있다. 동물 분류에 따른 족보는 절지동물 곤충류 딱정벌레목 거저리과에 속한다.

어릴 적엔 곡물거저리와 비슷해서 하얀 좁쌀처럼 보이지만, 다 자라면 길이가 3cm에 이르는 원통형의 날씬한 몸매를 가진다. 먹이를 찾아 온몸을 비틀며 생동감 있게 꿈틀거리는 그 모습을 보고 사람들은 다소 징그럽다는 반응을 보이기도 한다.

그렇지만 세상만사가 다 그렇듯 생긴 것만 보고 그게 전부인 양 섣불리 판단하면 곤란하다. 우선 갈색거저리 애벌레는 맛이 특별나다. 그래서 그 맛에 걸맞은 '공식 성함'도 갖고 있다. 얘들은 2015년도에 농림축산식품부로부터 '고소한 맛을 내는 애벌레'라는 뜻을 가진 '고소애'라는 이름을 얻었다. 실제 요리용으로 '고소애'를 볶거나 굽게 되면 새우만큼 아주 고소한 맛이 난다. 이쯤 적다 보니, 에휴, '이름 석 자 값' 못하며 사는 필자에 비하면, 이 녀석은 문자 그대로 명실상부 그러니까 제 이름값 제대로 하는 존재다.

맛뿐만이 아니다. 고소애는 몸에 좋은 단백질과 불포화 지방산 함량이 매우 높아 영양적 가치가 우수하다. 고소애 건조 분말은 단백질 53%, 지방 31%, 탄수화물 9%의 비중으로 구성돼 있으며 특히, 지방의 경우 혈중의 저밀도 지질단백질을 낮춰 심혈관 질환 예방에 효과가 있는 불포화 지방산이 75% 이상으로 높은 비중을 차지하고, 이밖에 무기질인 철과 인이 풍부하며, 비타민 중에는 나이아신과 B5 등이 들어 있어 식품으로서의 영양적 조성이 아주 훌륭하다.

최근 들어 고소애를 이용한 식이시험 결과에서, 간 해독 작용과 간 손상 시 발생하는 효소 함량 감소 효과가 있음이 밝혀졌고, 이외에도 신장 기능 개선 등에서도 효과가 있음이 과학적으로 확인되고 있다. 이러한 효능들로 인해 고소애는 향후 건강 기능성 식품 원료로서의 산업적 접근성도 점차 높아지고 있다. 특히 어린이와 노약자, 환자 등 맞춤형 영양이 요구되는 사람들의 건강 증진에도 기여할 수 있는 특별한 식품 재료로 특수 의료 식품 분야에서도 그 활용 가치가 더욱 늘어날 것으로 전망된다.

고소애는 기호도와 영양성 및 건강성 측면에서 모든 음식에 잘 어울리는 고급 식품 소재물로서도 손색이 없다. 그런 까닭에 식용곤충 가운데서도 가장 다양한 조리 방법들이 소개되었고 이를 활용한 제품 개발 또한 매우 활발하다. 실제 유럽을 비롯한 세계 각지에서는 고소애는 고소한 풍미가 있는 조미료 소재용이나 고급 요리의 대명사로서 그 지위를 인정받고 있다. 국내에서도 일찍이 농촌진흥청에서 고소애를 이용한 일반인과 환자를 위한 130여 종의 다양한 음식을 개발하여 보급한 바 있다. 이러한 노력의 결과들로 인해 머지않아 고소애 곤충식이 소비자의 입맛을 사로잡는 영양 만점의 이색적인 먹거리로서 당당하게 그 지위를 확보할 것이라고 기대해 본다.

자, 희망 섞인 유쾌한 상상을 해 본다. 오늘 같은 주말에 어울리는 외식은? 당연 고소애다! 고소애 토마토 채소 수프, 고소애 사과 처트니, 고소애 레몬 크림 새우, 고소애 달걀 프리타타, 고소애 햄버거 스테이크와 와인 소스… 추천 메뉴가 너무나도 많다. 아, 뭘로 먹을까? 행복한 고민이다. 벌써, 입 안 가득 군침이 돈다. 모자란다? 한우곰탕에 버금가는 '꼬소한 고소애 꽃탕'이나 '꼬소한 고소애 김치전'은 어떤가? 엄지 척.

2. 암 환자 영양·면역력에 좋아요

일반적으로 환자들은 상처 치유와 체력 회복을 위해 필수 아미노산 함량이 높은 양질의 단백질과 불포화 지방산 식품을 먹어야 한다. 그러나 수술 후 소화력이 떨어진 상태에서 육질이 단단한 육류나 생선류를 충분히 먹기는 어렵다. 조리를 위한 번거로움, 건강에 좋지 않은 포화 지방산 섭취량이 따라 느는 것도 문제다. 고소애 음식은 필수 아미노산과 불포화 지방산 함량이 높아 적은 양으로도 필요한 영양을 채울 수 있다.

고소애는 2016년 3월, 일반 식품 원료로 인정돼 다양한 식품에 활용되고 있는 식용곤충이다. 영양 성분은 단백질 53%, 지방 31%, 탄수화물 9%로 단백질과 불포화 지방 함량이 높다. 기능성 검토 결과, 항치매, 항암 활성, 항염증, 모발 촉진, 항비만, 항당뇨 효과가 있는 것으로 밝혀졌다. 특히 농촌진흥청과 강남세브란스병원 박준성 교수팀의 공동 연구 결과, 식용곤충 고소애(갈색거저리)가 수술받은 암 환자의 영양 상태 개선과 면역력 향상에 놀라운 효과가 있는 것으로 나타났다. 이번 연구는 고소애를 활용한 병원 식사, 영양 상태와 면역에 대한 임상 영양 연구로, 수술 후 3주 동안 고소애 분말을 섭취한 환자와 기존 환자식을 섭취한 환자를 비교했다. 그 결과, 고소애식을 먹은 환자는 기존 환자식 대비 평균 열량은 1.4배, 단백질량은 1.5배 높았다. 또한, 근육량 3.7%, 제지방량(근육과 골격)이 4.8% 늘고, 환자의 영양 상태 지표도 높았다. 전체 암 환자를 대상으로 한 선행 연구에 이어 췌담도암과 간암 환자 109명을 수술 직후부터 퇴원 후까지 2개월간 면역과 인바디(inbody: 체중, 체지방률, 근육량, 내장 지방 등)를 측정했다. 환자의 영양 지표 중 건강한 세포막의 상태를 반영하는 위상각(phase angle)의 변화량(수술 후 첫 외래→복용 종료 시점)이 고소애를 먹은 환자군에서 2.4% 높게 나타났다. 면역세포 중 자연살해세포(NK cell)3)와 세포독성 T세포(Cytotoxic T cell)4) 활성도가 고소애 섭취 환자군에서 각각 16.9%, 7.5% 늘었다. 이러한 연구 결과들은 고소애가 환자식뿐만 아니라 건강 기능성 식품이나 의약품 소재로도 활용될 수 있는 가능성을 보여 주고 있다.

식용곤충을 이용한 영양 만점 요리 레시피

적어도 20억 명의 사람들이 곤충을 전통 식단의 일부로 소비하고 있다고 추정되며 1,900종 이상의 곤충이 음식으로 사용되었다고 보고되었다(Arnold van Huis 등 2013). 그동안 말로만 듣고 막연하게 싫어하거나 낯설어하던 식용곤충이 이제는 영양학적인 품질 우수성과 함께 식품으로서의 안전성이 확보된 건강 지향형 고급 식재료로서의 가치를 점차 인정받고 있다.

이로 인해 식용 가능한 10종의 곤충을 활용한 영양식, 간편식, 환자식 등 다양한 맞춤형 용도와 새로운 형태의 곤충 식품들이 속속 개발되고 있으며 이러한 추세에 의해 향후 거대 식품 산업으로 발전할 성장 잠재력이 매우 높다고 전망되고 있다. 그러나 아직까지도 혐오식품이라는 이미지가 존재함은 부인할 수 없는 현실이고 또한 소비의 제한으로 인해 대중화는 이뤄지지 못하고 있는 실정이다.

어려운 환경 속에서도 농촌진흥청을 비롯한 경남곤충산학연협력단 등에서 식용곤충을 사용한 다양한 요리 개발 책자를 발간하여 식용곤충의 영양학적 품질 우수성을 널리 알림과 동시에 곤충 식품의 대중화와 창업 활동을 지원하고 있다는 점은 매우 의미 있는 일이다. 이러한 노력들은 식용곤충의 이미지 개선과 함께 새로운 시장과 기회를 개척하는 데 큰 도움이 될 것으로 보인다. 지금부터 소개하는 요리 레시피는 농촌진흥청에서 시행한 지역전략작목산한연협력단 사업으로 경남도농업기술원과 경남곤충산학연협력단에서 제작한 「식용곤충을 이용한 영양만점 건강요리 24」에서 발췌한 일부 자료이다.

간식 요리

고소애 토마토 채소 스프

✦ 재료

고소애 육수 2컵, 고소애 분말 3g(1.5작은술), 베이컨 20g, 양파 30g(1/5개), 샐러리 20g, 마늘 1쪽, 양배추 1/2장(20g), 당근 10g, 무 10g, 완두콩 10g(큰술), 스파게티면 10g, 토마토 20g, 토마토페이스트 2큰술 (30g), 버터 2/3큰술(8g), 소금 1작은술, 후추 1/5작은술, 월계수 잎 1장 [고소애 육수_고소애 10g, 생수 500ml]

✦ 만드는 법

1. 마늘은 곱게 다지고, 토마토는 1cm 정도로 다지며 그 외의 채소들은 전부 1 ×1× 0.3cm 정도로 썰고, 베이컨도 1cm 길이로 썰어 준다.
2. 스파게티면은 5분 정도 삶아서 2cm 크기로 잘라 놓는다.
3. 팬에 분량의 버터를 넣은 후 베이컨을 먼저 묶고 기름이 나오면 채소들을 볶아 준다. 이때 양파와 마늘, 셀러리를 먼저 볶아 향을 내는 것이 좋다.
4. ③에 토마토 페이스트를 넣어 신맛이 날아가도록 충분히 볶아 준다.
5. 준비된 재료에 고소애 육수를 붓고 월계수 잎을 넣어 함께 끓인다.

6. 채소가 충분히 익으면 삶은 스파게티면, 완두콩, 고소애 분말을 넣어 한소끔 끓이면 월계수 잎을 건져 낸다.

7. 소금, 후추로 간하여 완성한다.

고소애 해물파전

✦ 재료

실파 100g(1/3단), 밀가루 1컵, 감자 1/2개, 고소애 다짐(0.3~0.5cm) 5g, 꽃벵이 다짐(0.3~0.5cm) 1큰술, 오징어 60g(1/5마리) , 깐새우(소) 35g 청양고추 1/2개, 홍고추 1/2개, 달걀 1개, 소금 1작은술, 물 1컵, 식용유 3큰술

✦ 만드는 법

1. 실파는 다듬어 물로 씻어 절반을 잘라 놓는다. 청양고추와 홍고추도 0.2cm 두께로 어슷썰어 놓는다. 감자는 강판에 갈아 준비한다.

2. 오징어는 겉껍질을 벗겨내고 0.5cm 크기로 썬다.

3. 믹싱볼에 밀가루, 소금, 물, 감자 간 것을 넣고 잘 풀어 준 뒤에 고소애 다짐, 꽃벵이 다짐을 넣고 잘 섞어 반죽을 만든다.

4. ①에서 준비해 놓은 실파에 ③의 반죽 1/3 정도를 넣고 버무린 후 달군 팬에 식용유 2큰술을 두르고 버무린 실파를 깔고 센 불로 익혀 준다.

5. 실파 위에 오징어, 새우, 청양고추를 고르게 얹고 나머지 밀가루 반죽을 고루 부어 주고 달걀을 풀어서 다시 위에 고르게 부어 준 뒤에 홍고추를 올린다.

6. 전 반죽이 반 이상 익으면 넓은 뒤집개를 이용해서 뒤집고 식용유 1큰술을 둘러 넣어주고 중약불로 익혀 낸다.

꽃벵이 흑임자죽

✦ 재료

쌀 120g(2/3컵) , 흑임자 50g(5-1/2큰술) , 꽃벵이 분말 15g(2큰술), 고소애 육수 7컵(1.2리터), 소금 1작은술, 참기름 1/2작은술 [고소애 육수_고소에 30g, 생수 1.5 리터]

✦ 만드는 법

1. 쌀은 씻은 후 2시간 정도 찬물에 담가 불린 후 체에 건져 물기를 뺀다.
2. 흑임자는 물에 두세 번 씻어 체에 받쳐 물기를 뺀 다음 볶아 준다.
3. 쌀과 흑임자를 각각 분쇄기에 넣고 고소애 육수를 조금씩 부어 주면서 곱게 갈아 준다.
4. 두꺼운 냄비에 쌀을 넣고 저으면서 끓이다가 흑임자를 넣고 더 끓여 준다.
5. ④에 고소애 육수를 넣고 나무 주걱으로 저어 주며 끓이다가 걸쭉해지면 갈아 놓은 흑임자를 넣고 조금 더 끓여 준다.
6. 소금을 넣어 간을 맞추어 완성한다.

4. 꽃벵이 오이롤 초밥

✦ 재료

오이 2개, 참치 캔 1개, 연어 캔 1개, 양파 1개, 마요네즈 5큰술, 날치알 4큰술, 정주 2큰술, 청양고추 1개, 파슬리 잎 1/3단, 밥 3공기, 고소애 3큰술, 꽃벵이 2큰술 단촛물(설탕 2.5큰술, 식초 3큰술, 소금 0.5큰술)

✦ 만드는 법

1. 오이는 감자칼로 얇고 길게 깎아 소금을 살짝 뿌려 준다. 날치알은 청주를 뿌려

5분 정도 두었다가 체에 받쳐 물기를 뺀다.

2. 참치 캔, 연어 캔을 각각 체에 받쳐 기름을 빼고 잘게 뜯어 다진 양파와 함께 마요네즈에 버무린다.
3. 위 분량의 단촛물을 전자레인지에 2분 데워 주고 식은 밥도 같이 데워 섞어 초밥을 만든다.
4. 한입 크기로 뭉친 초밥을 오이로 감싸 원통 모양으로 만들어 주고 그 위에 ②를 올려준 다음 날치알, 청양고추, 파슬리 잎을 얹어 장식한다.

꽃벵이 핫바

✦ 재료

동태포 500g, 새우살 300g, 당근 40g, 양파 1/2개, 노란 파프리카 1/2개, 청양고추 4개, 고소애 1큰술, 꽃벵이 1큰술, 꼬지, 밀가루 5큰술, 감자전분 5큰술, 청주 2큰술, 달걀흰자 5큰술, 소금 약간, 후추 약간, 식용유 적당량

✦ 만드는 법

1. 당근, 파프리카, 양파, 청양고추는 잘게 다져 준다.
2. 동태살과 새우살을 핸드 믹스에 곱게 갈아 준 다음 고소애와 꽃벵이를 섞어 준다.
3. ①, ②를 섞어 준 다음 밀가루, 감자전분, 청주, 흰자를 넣어 섞은 후 소금, 후추로 간한다.
4. ③의 반죽은 점성이 생길 때까지 끈기 있게 치대어 준 다음 핫바 모양을 만든다.

5. 150℃ 기름에 넣고 속까지 익혀 준다(반죽이 너무 두꺼우면 속까지 잘 익지 않는다).

6. 앞뒤 고르게 익도록 돌려가면서 익힌 다음 키친타올에 올려 기름기를 뺀다.

7. 꼬치에 끼워 담아 낸다.

꽃벵이 참치 카나페

✦ 재료

크래커 12개, 슬라이스 치즈 3장, 토마토(中) 2개, 꽃벵이 2큰술, 참치 캔 1개, 양파 1/4개, 마요네즈 2큰술, 후추 약간, 어린잎 약간 [고소애 시금치 페스토_시금치 5뿌리, 올리브 오일 8큰술, 견과류 4큰술(호두 2큰술, 아몬드 1큰술, 잣 1큰술), 고소애 1큰술, 파마산 치즈가루 2큰술, 마늘· 3개, 소금 1/2작은술]

✦ 만드는 법

1. 토마토는 슬라이스 해서 준비한다.
2. 양파는 잘게 다진다.
3. 참치는 체에 기름을 걸러 준다.
4. 치즈는 4등분으로 자른다.
5. 기름 뺀 참치에 다진 양파, 마요네즈, 꽃벵이 다진 것, 후추를 넣고 섞는다.
6. 위 분량의 고소에 시금치 페스토를 믹서기에 넣고 갈아 준다.
7. 크래커 위에 시금치 페스토를 바르고 치즈를 올리고 슬라이스한 토마토와 참치를 올린 다음 어린잎과 꽃벵이를 올려 마무리한다.

고소애 마파두부

✦ 재료

두부모, 소금 1작은술 [소스_홍고추 1개, 고소에 다짐(0.3~5cm) 1큰술(8g), 고소에 육수 1컵, 대파 1/3뿌리(10g), 두반장 2.5쪽(10g), 생강 1/2쪽 (2g), 두반장 1큰술, 청주 1큰술, 간장 1큰술, 굴소스 1작은술, 치킨파우더 1작은술, 설탕 1작은술, 후추 1/2작은술, 고추기름 1큰술, 물 전분 2큰술, 고추기름 1큰술]

✦ 만드는 법

1. 두부는 사방 1.5cm 정도 크기로 깍두기 모양으로 썬다.
2. 냄비에 물을 올리고 소금을 넣어 썰어 놓은 두부를 데친 후 체에 건져 물기를 뺀다.
3. 홍고추, 대파, 마늘, 생강은 잘게 썬다.
4. 팬에 고추기름을 1큰술 두르고 ③의 다진 양념과 두반장을 넣어 20초 정도 볶는다.
5. ④에 고소에 다짐을 넣고 10초 정도 더 볶은 후 청주, 간장을 넣고 고소애 육수를 부은 다음 굴소스, 치킨파우더, 설탕, 후추를 넣어 2~3분 정도 더 끓여 소스를 만든다.
6. ⑤가 끓으면 데친 두부를 넣고 1~ 2분간 더 끓인다.
7. ⑥에 물 전분을 넣어 골고루 잘 섞는다.
8. ⑦에 고추기름 1큰술을 넣어 섞은 후 접시에 담는다.

고소애 레몬 크림 새우

✦ 재료

새우(중) 120g(6~8마리), 소금 1작은술, 후추 1/10컵 작은술, 청주 1큰술, 식용유(튀김용) 4컵(800g) [튀김 반죽_고소애 다짐(0.3~0.5cm) 2큰술(10g), 전분 5큰술, 달걀 1개, 물 2큰술 / 크림 소스_고소애 분말 1큰술, 마요네즈 4.5큰술, 생크림 1큰술, 레몬즙 1큰술, 설탕 2큰술, 소금 1/4작은술, 물 5-1/3큰술(80cc)]

✦ 만드는 법

1. 새우는 등쪽을 꼬치로 찔러 내장을 제거하고 청주와 소금, 후추로 밑간을 해 놓는다. 중간 크기 이상의 새우는 등쪽에 칼집을 넣어 준다.
2. 고소애 다짐, 전분, 달걀, 물을 넣어 잘 섞어 반죽을 만든 후 손질한 새우를 넣어 버무려 170~180℃의 온도에서 튀긴다.
3. 볼에 고소애 분말, 마요네즈, 생크림, 레몬즙, 설탕, 소금, 물을 넣어 휘핑기를 이용해 잘 섞는다.
4. ③의 소스에 새우튀김을 넣어 살짝 버무려 준다.

연근 오이 고소애 무침

✦ 재료

연근 150g, 오이 1개, 쪽파 3개, 고소애 6큰술, 잣 2큰술, 호두 2큰술 [오이 절임_소금 1/2작은술, 설탕 1/2작은술, 식초 1/2작은술 / 무침 양념_마요네즈 1/2컵, 고소애 간 것 6큰술, 잣 간 것 2큰술, 호두 간 것 2큰술, 진간장 1-1/2작은술, 설탕 1작은술]

✦ 만드는 법

1. 연근은 슬라이스한 후 끓는 물에 살짝 데쳐 찬물에 헹군 다음 체에 받쳐 물기를

제거한다.

2. 오이는 둥글게 썰어 소금 1/2작은술, 설탕 1/2작은술, 식초 1/2작은술에 10분간 절여 면보에 싸서 수분을 꼭 짠 다음 살짝 볶아 식힌다.
3. 마요네즈 1/2컵, 고소애 간 것 6큰술, 잣 간 것 2큰술, 호두 간 것 2큰술, 진간장 1-1/2작은술, 설탕 1작은술을 섞어서 연근과 오이를 넣고 무친다.
4. 쪽파를 송송 썰어 뿌려 낸다.

고소애 달걀 프리타타

✦ 재료

고소애 3큰술, 계란 5개, 당근 40g, 양파 80g(1/2개), 감자 100g(1개), 베이컨 50g(2장), 피자치즈 50g, 청피망과 홍피망 25g씩(1/4개), 우유 45g(3큰술), 체다치즈 40g(2장), 소금 2g(1/2작은술), 후추 0.3g, 식용유 5g(1작은술), 토마토케첩 50g

✦ 만드는 법

1. 베이컨은 다져서 프라이팬에 노릇하게 볶는다.
2. 감자와 양파는 채 썰고 청·홍피망과 당근은 잘게 다진다.
3. 볼에 달걀을 넣고 나무젓가락으로 풀어 준 다음 다진 청·홍피망, 당근을 섞고 우유와 고소애 다짐(0.2~0.3cm), 소금, 후추를 넣고 섞어 준다.
4. 달군 팬에 식용유를 두르고 감자, 양파를 넣고 볶은 다음 프라이팬 바닥에 골고루 펼쳐 놓고 그 위에 ④의 달걀물을 붓고 뚜껑을 덮어 약불에서 10분 정도 굽는다.

5. 달걀이 거의 익어갈 무렵에 피자치즈를 뿌리고 그 위에 체다치즈를 찢어서 군데군데 얹고 구운 베이컨을 뿌려서 다시 뚜껑을 덮고 2~3분 피자치즈가 녹을 때까지 뜸을 들인다.

6. 완성된 것을 접시에 담고 케첩을 뿌리거나 곁들여 준다.

꽃벵이 멸치깻잎찜

✦ 재료

깻잎 10묶음, 국물용 멸치 50g, 꽃벵이 20g [양념장_굵은 고춧가루 2큰술, 진간장 6큰술, 설탕 1큰술, 들기름 2큰술, 깨소금 2큰술, 풋고추 3개, 홍고추 2개, 다진 마늘 2큰술, 송송 썬 실파 2컵, 꽃벵이 다짐(0.3~0.5cm) 5g·조림장_맛술 8큰술, 울 3컵, 진간장 5큰술, 조청 2큰술, 청양고추 10개, 통마늘 15개]

✦ 만드는 법

1. 양념장을 만든 다음 깻잎 2장 사이에 조금씩 바른다.

2. 국물용 멸치는 머리, 내장 제거하고 마른 팬에 4분간 볶고, 꽃벵이는 살짝 볶아 준다.

3. 조림장: 냄비에 조림장을 넣고 청양고추는 반으로 어슷 썰어 넣는다. 묶은 멸치도 넣어 센물에서 5분 끓여 조림장이 반으로 줄어든 상태에서 통마늘 20개, 꽃벵이 20g을 넣는다. 다시 1/3로 줄어들면 ①을 올린 다음 센 불에서 뚜껑 닫고 5분 정도 끓인다. 중간에 조림장 국물을 깻잎 위에 끼얹어 준 다음 뚜껑 닫고 3분 끓인다.

4. 그릇에 깻잎찜 담고 멸치, 고추, 마늘 조림을 곁들인다.

꽃벵이 콩조림

✦ 재료

6시간 불린 백태 2컵, 물 2컵, 꽃벵이 1/2컵, 맛술 6큰술, 설탕 2큰술, 조청 4큰술, 간장 2큰술, 국간장 1-1/2큰술, 멸치액젓 2큰술, 참기름 2큰술, 검은깨 1큰술

✦ 만드는 법

1. 6시간 불린 백태 2컵, 물 2컵, 꽃뱅이 1/2컵을 냄비에 넣는다.
2. 물이 거의 없어질 때까지 중불에서 10분가량 졸인다.
3. 맛술 6큰술, 설탕 2큰술, 조청 4큰술을 넣고 약물로 줄여 3분 동안 졸인다.
4. 간장 2큰술, 국간장 1-1/2큰술, 멸치액젓 2큰술을 넣고 5분간 더 졸인다.
5. 센 불에서 1분 동안 졸인다.

3. 참기름 2큰술을 넣고 불 끄고 검은깨 1큰술을 넣고 섞는다.

고소애 해물볶음밥

✦ 재료

밥 2공기(400g), 고소에 다짐(0.3~0.5cm) 1-1/2큰술, 새우(칵테일용) 100g(15마리), 오징어 1마리, 양파 1/4개(40g) , 당근 1/7개(20g) , 청피망 1/5개(40g), 감자 1/2개, 식용유 2큰술, 소금 1작은술, 후추 1/2작은술, 참기름 2작은술

✦ 만드는 법

1. 오징어는 내장을 제거한 후 겉껍질을 벗기고 몸통은 길이로 3등분해서 0.3cm 두께로 채 썬다.
2. 양파, 당근, 청피망, 감자는 0.3~0.5cm 크기로 다진다.
3. 새우는 끓는 물에 살짝 데쳐 찬물에 가볍게 헹궈 식혀 놓는다.
4. 달군 팬에 식용유 1큰술을 두르고 밥과 분량의 반 정도의 소금을 넣어 고슬고슬하게 볶아 다른 그릇에 옮겨 둔다.
5. 다시 달군 팬에 식용유 1큰술을 두르고 ②의 채소를 넣고 볶다가 반 정도 익으면 손질한 오징어와 고소애 다짐, 나머지 분량의 소금과 후춧가루를 넣고 볶는다.
6. ③의 새우와 ④의 볶아둔 밥을 넣고 섞어 가며 한 번 더 볶는다. 불을 끄고 마지막에 참기름을 넣고 가볍게 섞어 준다.

고소애 제육덮밥

✦ 재료

돼지고기 앞다리살 60Jg, 사과 1개, 양파 1/2개, 홍고추 1개, 대파 2대, 팽이 1봉, 설탕 1큰술, 실파 2줄기 [매운 고기 만능 양념장_양파 1/2개, 마늘 10개, 생강 1조각, 맛술 4개, 간장 6큰술, 매실청 4큰술 갈아 준 다음 고추장 2큰술, 고춧가루 6큰술, 참기름 1큰술, 고소애 가루 2큰술]

✦ 만드는 법

1. 돼지고기 앞다리살에 사과즙을 뿌려서 15분 재운 다음 체에 발여 핏물을 제거한다.
2. 위 분량의 매운 고기 만능 양념장을 만들어 30분 정도 숙성시킨다.
3. 팬을 달군 후 설탕 1큰술을 넣고 태운 다음 ①의 고기를 넣고 센 불에서 물기 없이 바짝 볶는다.
4. 양파채를 넣고 볶아 준 다음 팬 가운데 양념을 넣고 조금 태운 다음 섞어 준다.
5. 어슷 썬 대파, 홍고추와 팽이버섯을 넣고 살짝 볶아 완성한다.
6. 밥을 곁들여 담은 다음 위에 송송 썬 실파를 뿌린다.

고소애 닭볶음탕

◆ 재료

닭볶음탕용 닭고기 1kg, 소금 1큰술, 설탕 1큰술, 마늘 8쪽, 식용유 3큰술, 감자 2개, 당근 1/2개, 양파 1개, 청양고추 3개, 불린 당면 120g, 굵게 다진 마늘 4큰술, 대파 1대ㅠ[양념장_진간장 2큰술, 액젓 1큰술, 다진 생강 1작은술, 청주 2큰술, 설탕 1큰술, 고추장 1작은술, 굵은 고춧가루 3큰술, 후춧가루 1/2작은술 / 고소애 육수_물 6컵, 고소에 24g, 양파껍질 1개 분량, 대파 뿌리 1개]

◆ 만드는 법

1. 닭 다리 가운데 뼈 옆쪽에 칼집을 낸다.
2. 소금 1큰술, 설탕 1큰술을 넣고 고루 버무려 20분간 재운다.
3. 재운 닭고기는 물에 3~ 4번 헹군 뒤 체에 밭여 물기를 제거한다.
4. 팬 달군 뒤 식용유 3큰술을 넣고 편으로 썬 마늘 8쪽 넣어 센 불에서 1분 정도 볶아준 다음 마늘은 건져 낸다.
5. 마늘 기름에 닭을 넣어 센 불에서 5분 정도 노릇하게 볶아 준 다음 기름을 제거한다.
6. 진간장 2큰술, 액젓 1큰술, 다진 생강 1작은술, 청주 2큰술, 설탕 1큰술, 고추장 1작은술, 굵은 고춧가루 3큰술을 넣어 양념장을 완성한다.
7. 볶은 닭고기를 전골냄비에 넣고 양념장을 모두 넣어 주고 고소애 육수 4컵을 넣고 깍둑 썬 감자와 당근을 넣어 센 불에서 끓이다가 끓어오르면 중불로 줄여 10분간 더 끓인다.
8. 깍둑 썬 양파, 송송 썬 청양고추, 불린 당면 120g을 넣어 중불에서 5분간 더 끓인다.
9. 굵게 다진 마늘 4큰술을 넣는다.
10. 얇게 썬 대파 1대를 올려 완성한다.

고소애 두부버섯전골

✦ 재료

쇠고기 200g, 두부 100g, 느타리버섯 50g, 팽이버섯 50g, 새송이버섯 40g, 표고버섯 2장, 홍고추 1/4개, 쪽파 30g, 미나리 30g, 무 60g, 쌀가루 1작은술, 들깨가루 3작은술, 고소애 분말 1큰술 [쇠고기양념_소금, 다진 파 1/4 작은술, 다진 마늘 1/4작은술, 참기름 1/4작은술, 깨소금 1/2작은술, 후춧가루 / 육수_고소애 육수 4컵(고소애20g, 생수 1리터), 다시마 사방 10cm(1장) , 소금 1작은술, 국간장 1큰술]

✦ 만드는 법

1. 냄비에 고소애와 다시마를 넣고 육수를 먼저 끓인다.
2. 느타리버섯은 밑둥을 자른 후 2~3등분하고 팽이버섯도 밑둥을 자른 후 알알이 뗀다.
3. 쇠고기는 채 썰어 양념하고 두부는 3×4×1cm, 표고버섯과 무는 4×2×0.3cm로 썬다.
4. 새송이버섯은 모양을 살려 2~3등분하고 미나리, 쪽파는 4cm 길이로 자른다.
5. 홍고추도 반으로 갈라 씨를 빼고 4×2cm 길이로 채 썬다.
6. 멸치육수 2컵에 들깻가루와 쌀가루를 섞어 체에 발인다.
7. 전골냄비에 버섯과 채소류, 고기를 색색이 돌려 담고, 고기 위에 고소애 분말 1큰술을 뿌린다. 나머지 육수 2컵을 부어 끓인다.
8. 어느 정도 끓으면 간을 맞춘 후 쌀가루와 섞은 깨즙을 넣어 한소끔 끓이고 쑥갓을 올린다.

고소애 돼지갈비

✦ 재료

돼지갈비 600g, 밀가루 2큰술, 식용유 4.5큰술 [구이소스_양파 2/3개, 셀러리 1/3개, 마늘 1쪽, 소금 2/3작은술, 후추 1/5작은술, 버터 1/5큰술, 식초 2/3큰술, 황설탕 2/3큰술, 토마토케첩 4큰술, 레몬즙 1-1/3큰술, 우스터 소스 1작은술, 핫소스 2/3작은술, 월계수 잎 1장, 고소애 육수 2컵, 고소에 시즈닝(육류용) 2/3큰술 / 고소애 육수_고소애 30g, 생수 1.5L / 고소애 시즈닝_고소애 38.9g, 펜넬 3.3g, 넛메그 1.6g, 오레가노 5g, 로즈마리 5.2g, 타임 5g, 카다뭄 8.4g, 통후추 32.7g]

✦ 만드는 법

1. 갈비에 칼집을 넣어 찬물에 1시간 정도 담가서 핏물을 빼고 건진 후에 소금, 후추로 간을 한다.
2. 양파, 샐러리, 마늘은 곱게 다진다.
3. 소스 팬에 버터를 넣고 다진 마늘, 양파, 셀러리 순으로 넣어 볶은 후 식초와 황설탕을 넣고 졸인 다음 토마토케첩을 넣고 볶는다.
4. ③에 핫소스, 우스터 소스, 레몬즙, 고소애 육수, 월계수 잎을 넣고 끓인다.
5. ①의 갈비는 끓는 물에 데쳐 기름을 제거한다.
6. 달군 팬에 식용유를 두르고 ⑤의 갈비에 밀가루를 고루 묻혀 갈색이 나도록 굽는다.
7. 소스에 구운 돼지갈비를 넣어 끓이면서 소스는 알맞은 농도로 졸여 준다.
8. 접시에 돼지갈비를 얹고 육류용 고소에 시즈닝을 뿌려 완성한다.

꽃벵이 탕수육

◆ 재료

꽃벵이 150g, 소금 약간, 청주 약간, 마른 전분 약간, 빨강·초록 파프리카 1/4개씩, 파인애플 통조림 링 1/2개, 레몬 1/2개, 적채 1장, 양파 1/2개 [튀김 반죽_감자전분 1컵, 베이킹소다 2작은술, 냉수 3/4컵 / 소스_오렌지 주스 2컵, 설탕 5큰술, 소금 1/4작은술, 2배 사과식초 3큰술, 물 전분(전분 1큰술+물 1큰술)]

◆ 만드는 법

1. 꽃벵이를 손질한 뒤 소금, 청주로 밑간한 뒤 마른 전분을 묻힌다.
2. 파프리카, 적채, 양파, 파인애플은 한입 크기로 썬다. 레몬은 반달로 슬라이스한다.
3. 분량의 전분 가루와 베이킹소다, 찬물을 섞어 튀김 반죽을 만들어 ①의 꽃벵이에 묻혀 160~180℃로 2번 튀긴다.
4. 냄비에 오렌지 주스 2컵, 설탕 5큰술, 소금 1/4작은술을 넣고 끓이다가 2배 사과식초 3큰술을 넣고 물 전분을 처리하여 걸쭉하게 만든다.
5. 접시에 꽃벵이 튀김과 채소를 담고 소스를 끼얹어 마무리한다.

고소애 햄버거 스테이크 & 와인 소스

✦ 재료

다진 쇠고기 440g, 고소애 다점(0.2~0.3cm) 4큰술(20g) , 양파 1-1/3개(200g), 소금 4g, 후추 0.8g, 감자 22-2/3개(400g), 브로콜리 1/2송이(160g), 양송이 16개(240g), 체리 토마토 24개(240g), 소금 4작은술(16g), 버터 10큰술(120g), 식용유 2큰술(30g) [고소애 육수_고소애 30g, 생수 1.5L / 고소애 브라운 소스_고소애분말 13g, 누룽지 48g, 토마토 160g, 토마토 페이스트 80g, 샐러리 32g, 당근 64g, 양파 48g, 마늘 8g, 버터 64g, 소금 6.4g, 후추 1.6g, 월계수 잎 3장, 정항 3알, 물(고소에 육수) 1.4리터 / 와인 소스_고소애 브라운 소스 1컵, 레드와인 2컵, 양파 1-1/3개(200g), 소금 3g, 후추 0.8g]

✦ 만드는 법

1. 고소애 육수 만들기 : 냄비에 생수 1.5리터, 고소애 30g을 넣어 육수를 만든다.

2. 고소애 브라운 소스 만들기

   ①팬에 분량의 버터를 넣고 양파 편 썬 것, 마늘 편을 볶다가 셀러리 편, 당근 채를 넣고 볶는다.

   ②여기에 누룽지, 토마토 0.5cm로 다진 것, 토마토페이스트를 넣고 볶는다.

   ③②에 물을 넣고 월계수 잎, 정향, 고소애 분말을 넣는다.

   ④끓기 시작하면 물을 약물로 줄여 반 정도로 물이 줄어들 때까지 뭉근하게 끓인다.

   ⑤소스가 완성되면 체로 건더기를 걸러 준 뒤에 소금, 후추로 간을 한다.

3. 채소 가니쉬 만들기

   ①감자는 껍질을 벗기고 0.8×6×4cm 크기의 사각으로 편 썰어 끓는 물에 삶아 완전히 익힌 다음 팬에 버터를 두르고 노릇하게 색이 나도록 볶는다.

   ②브로콜리는 손질 후 색이 변하지 않게 끓는 물에 소금을 조금 넣고 살짝 데쳐 놓는다.

   ③달군 팬에 버터를 두르고 편으로 썬 양송이버섯을 넣고 소금, 후추로 간하여 볶아 낸다.

   ④달군 팬에 식용유를 두르고 체리 토마토를 볶아 낸다.

3. 고소애 햄버거 패티, 와인 소스 만들기

①양파는 곱게 다져서 팬에 볶은 후 식혀둔다.

②다진 쇠고기에 고소애 다짐 볶은 양파를 넣고, 소금, 후추로 간을 하여 잘 치댄 후 햄버거 패티 모양으로 빚어 준다.

③달군 팬에 버터를 두르고 패티를 센 불로 표면이 갈색으로 보기 좋게 색이 날 때까지 익히고, 패티가 다 익으면 접시에 옮겨 둔다.

④③의 팬에 다진 양파를 넣어 볶다가 레드와인을 넣고 되직한 농도가 날 때까지 약불로 은근히 끓여 준다.

⑤④에 준비된 고소애 브라운 소스를 넣고 소금과 후추를 넣어 한 번 더 가열하여 와인 소스를 완성한다.

5. 접시에 구운 패티와 채소 가니쉬를 담고 와인 소스를 곁들인다.

식용곤충을 활용한 축산 식품

●●● 축산 식품업계 동향과 상품 개발에 주저하는 이유는?

국내 기업 중에서는 일찍이 씨제이제일제당(주)과 대상(주) 등이 곤충 식품 관련 사업을 진행한 바 있으나 공급 가격이나 안정적 물량 수급, 품질 균일성 등의 문제로 큰 진전 없이 흐지부지된 상태이다. 축산 식품업계가 곤충을 활용한 상품 개발을 주저하는 이유를 살펴본다. 첫째, 무엇보다 가격 측면에서 문제가 있다. 곤충은 현재까지는 상대적으로 고가의 식품으로 인식되고 있고 실제 지금의 농가 생산 시스템하에서는 대량 생산 시에도 납품 가격에 변동이 있을 가능성이 낮다. 이로 인해 대량 소비처인 식육가공 회사들이 채산성 측면에서 곤충 제품을 식육 제품에 포함하기 어려운 상황이 발생하고 있다. 둘째, 품질 균일화 측면에서의 어려움이다. 식용곤충의 품질 변이의 폭이 심해서 식육가공품의 최종 품질을 일정하고 일관되게 유지하기 어려울 수 있다는 점을 든다. 셋째, 현재 우리나라의 곤충 생산 시스템은 주로 소규모 농가와 업체에 의존하고 있어 대량 공급에 적합하지 않으며, 이로 인해 대규모 투자를 유치하거나 안정적으로 물량을 확보하는 데 어려움이 있다는 점이다. 예를 들어, 식육가공 회사가 소시지 제조를 위해 곤충을 사용하려고 할 때, 곤충 물량 공급이 일정하지 않고 불안정하면 소시지의 생산량과 품질에 변동이 생기게 되어 그간 일궈 놓은 기존 브랜드 제품의 품질과 일관성을 유지하는 것이 어렵게 된다. 이로 인해 브랜드 제품의 생산 및 공급 계획에 어려움이 발생할 수 있다. 넷째, 가공업체의 자체 기술 확보와 축적된 기술력에 따른 제품개발 역량의 문제다. 식용곤충을 다양한 식품 원료로 활용하기 위한 최적화된 소재화 기술이나 사업화를 위한 제품화 노하우 등이 부족한 실정이다. 이로 인해 식용곤충을 활용한 식육가공품 상용화에 어려움을 겪고 있다. 어쨌든 위에 열거한 이러한 문제들로 인해 대량 소비처인 식육가공 회사에서 곤충을 활용한 상품화를 진행하지 못하고 있는 것으로 보인다.

다행히도 최근 들어 롯데웰푸드(주)와 롯데중앙연구소가 캐나다와 프랑스 업체와 각각 공동 사업을 통한 산업화 과제를 진행하고 있다. 또한 일부 식품 회사들은 식용곤충을 활용한 곤충 기반의 식품 제품을 출시하고 있으며, 소비자들의 관심과 수요에 부응하려는 노력을 기울이고 있다. 특히 에쓰푸드(주)는 경상북도와 협약을 통하여 이미 다양한 제품을 선보이면서 새로운 곤충 기반의 육가공 제품 시장에서의 선점을 위한 경쟁력을 강화하고 있다. 그렇지만 현재 거시적 관점에서의 식용곤충에 대한 민·관의 통합적인 투자는 전반적으로 미흡한 실정이다.

●●● 축산 식품 기술 개발과 제품

곤충은 다양한 식품 분야에서 활용 가능한 식품 원료임은 분명하다. 미래 식품 산업에서 곤충은 높은 영양가와 면역력 향상 등 그들이 가진

<그림 4-5> 식용곤충(갈색거저리 유충) 원료로 만든 패티, 소시지, 순대[출처: (좌)안동MBC화면 캡처, (중)경상남도농업기술원·경남곤충산학연협력단, (우)한겨레신문]

기능에 의해 건강 지향 축산 식품에 적용될 가능성이 높다. 실제 몇몇 나라에서 곤충을 활용한 건강 지향 식품이 개발되고 있다. 태국에서는 식용곤충을 활용한 닭고기 대용품을 생산하여 닭고기 알레르기가 있는 소비자를 위한 대체제로 사용하고 있다. 또한, 일부 유럽 국가에서는 곤충 단백질을 풍부하게 함유한 건강 보조제를 만들어 고령자나 체중 관리를 위해 식품으로 소비되고 있다. 국내에서도 곤충을 활용한 건강 식품에 대한 연구와 개발이 진행 중이다. 어느 기업에서는 곤충 단백질을 활용한 건강 기능 식품을 개발하여 시장에 출시하고 있다. 그러나 아직 대량 소비처인 식육가공 회사에서 전국적으로 유통되는 제품은 없다. 관련 특허도 한국식품연구원에서 식용곤충을 기반으로 하는 유화형 식용곤충 소시지 및 이의 제조 방법, 대체 단백질을 이용한 육제품의 제조 방법 및 이에 따라 제조된 육제품 등 2건이 검색되는 수준이다. 다만 전시회 등에서는 소시지, 미트볼, 패티, 떡갈비, 순대 등 색다르고 다양한 형태의 곤충 기반 가공 제품들이 선을 보이고 있다.

대량 소비처인 축산 식품업계에서 여태 곤충 기반 식육가공 제품이 출시되지 않는 것은 앞서 언급한 바 그대로 아직 곤충 산업계가 해결해야 할 문제점이 그만큼 많다는 것을 의미한다. 필자가 얼추 30여 전에 씨제이제일제당 육가공사업본부에 근무할 때 쌀 산업의 활성화와 소비 촉진을 위해 '쌀 소시지' 등을 만들고자 시도한 바 있었다. 이는 정부의 강력한 시책에 따른 참여였지만 막상 상품은 크게 성공하지 못했다. 그때나 지금이나 정부에서는 민족 산업으로 쌀을 살리기 위한 시책을 추진하고 있는데 최근래에는 농촌진흥청에서 개발한 쌀가루 전용 품종인 '가루쌀' 사용 확대를 위한 정책은 제빵업계 등으로부터 호응을 얻고 있다. 어쨌든 식품산업의 큰 주류 중 하나인 축산식품업계 특히 육가공 업체에서 식용곤충을 활용한 제품이 출시될 수 있는 기술 개발 지원과 상품화에 대한 정책적 지원을 쌀소비 시책처럼 적극적으로 검토해 볼 필요가 있다.

식용곤충 기반 식품 대중화 방안과 미래 전망

●●● 식용곤충 기반 요리 식품

조금 식상할 수도 있지만 벌레 하면 약방의 감초처럼 등장하는 영화의 한 장면. 열차의 마지막 칸에 탄 최하층 사람들은 극도의 어려움 속에서 곤충을 갈아 만든 직사각형의 거무튀튀한 '단백질 바'를 생존의 수단으로 먹는다. 10년 전 개봉한 영화 '설국열차'에 나오는 거북하거나 경악할 만한 바로 그 화면에 대한 얘기이다. 어떻게 벌레를? 그렇지만 곤충을 먹는 관행은 비단 이 영화에서만이 아니라 다양한 문화에서 오랫동안 존재해 왔으며, 일부 지역에서는 여전히 일상적으로 소비되고 있다. 지금 시대에 곤충을 먹는 것은 문화적 다양성과 개인의 식습관 및 식품을 대하는 태도에 따른 선택의 일부로 이해하면 좋겠다. 그러함에도 우리나라에서는 곤충 식품을 혐오 식품으로 인식하는 소비자들이 여전히 많다. '한국 일부 성인의 식용곤충에 대한 인식, 구매 및 섭취 실태'(박과 최, 2020)에 따르면, 식용곤충에 대해 들어 본 대상자는 87.0%로 높았지만, 이용경험자는 36.6%로 비교적 낮았다. 식용곤충에 대한 인식에 비해 실제 이용까지 이어지는 그 저변 확산이 턱없이 낮다. 식용곤충(제품)을 이용하지 않는 이유는 '식용곤충에 대한 거부감'이 4.1점으로 가장 높다. '신체적 안전 우려'(알레르기 등) 3.5점, '제품의 신뢰가 낮아서' 3.5점, '비싼 가격' 3.2점이 뒤를 잇고 있다. 인식 조사 결과에서 보듯 식용곤충을 긍정적인 측면에서 소비자에 대한 노출을 대폭 확대여 곤충 요리를 대중화하도록 해야 한다.

여기서 나름 제시하는 방안들은 거의 곤충 식품의 홍보와 관련된다. 이는 곤충 기반 식품산업이 아직 초기 걸음마 상태이며, 다른 식품들에 비해 선호도는 물론 부정적 인식도 강하기 때문에 어떤 종류의 곤충이 어떤 요리에 가장 적합한지 등과 같은 보다 세부적인 대국민 홍보 전략 수립과 아울러 영양적 우수성과 그 기능성에 대한 정보 제공 사업 등을 연계한 홍보가 그 무엇보다도 절대적이라고 생각하기 때문이다. 첫째, 곤충의 영양 가치에 대한 교육 및 정보를 집중적으로 제공하는 것이 중요하다. 이를 위해 정부, 비영리 단체, 음식 관련 매체 등에서 캠페인이나 교육 프로그램을 수시로 개최하여 소비자에게 식용곤충의 이점을 알려야 한다. 둘째, 곤충 요리의 다양성과 특별한 맛을 개발·보급한다. 반찬, 간식 등 각 용도에 적합한 곤충 요리 레시피를 제공하고, 곤충 요리대회 및 축제를 열어 소비자에게 곤충을 다양하게 그리고 맛있게 즐길 수 있는 기회를 수시로 제공한다. 셋째, 곤충 음식의 매력과 이점을 강조하는 광고 및 마케팅을 펼치고, 소비자들에게 곤충 음식이 가진 가치를 부각함으로써 긍정적인 이미지를 형성하도록 한다. 유명한 요리사, 음식 블로거, 푸드 인플루언서와 협업하여 곤충을 활용한 독특한 요리를 소개하고 홍보함으로써 소비자들이 곤충 식품을 보다 긍정적으로 받아들일 수 있게 한다. 넷째, 고령 및 환자 친화 특수 용도식인 고단백 항암 치료식, 삼킴장애 환자를 위한 연하 곤란식, 치아 보조식, 케톤식, 간 질환식, 위장 질환식 등의 이미 개발되거나 앞으로 개발될 식품들에 대한 홍보를 집중적으로 실시하여 고부가 가치형 산업으로 전환을 시도해야 한다. 마지막으로 식용곤충의 지속 가능성과 환경 친화성을 강조한다. 환경에 대한 걱정이 높아지면서, 곤충이 지구 친화적인 식품 옵션임을 강조하면서 소비자들에게 '가치 소비' 기회를 제공한다. 사회적 책임감 측면에서 윤리적 소비와 지속 가능성을 강조하는 마케팅 전략을 펼치면, 소비자들은 곤충 음식을 먹음으로써 환경 보호와 지속 가능한 미래를 담보하는 데 소비자 스스로 참여하고 있다는 자부심을 느끼게 될 것이다. 이러한 마케팅 접근은 소비자들에게 곤충 음식이 윤리적이며 사회적 가치를 실현하는 선택임을 인식할 수 있도록 도와줄 것이다.

●●● 식용곤충 기반 축산 식품

대량 소비를 위한 신시장 개척에 대한 총체적 노력이 필요하다. 대량 소비처는 식품 서비스 업체, 레스토랑, 호텔, 학교, 기업 식당 등 다양한 곳을 들 수 있지만, 식육가공 회사를 주목할 필요가 있다. 이미 육가공 메이저 회사들은 식용곤충과 연계된 신제품 개발 등을 검토한 바 있지만 아직은 가격, 품질, 물량 측면 등의 문제점 때문에 본격적인 추진을 꺼리고 있다.

이러한 문제점을 극복하기 위해서는 식용곤충 품질보증 시스템이나 품질 규격화 등을 위한 산·학·관·연에서의 방안 모색이 필요하며, 해결의 주체는 어디까지나 생산자의 역할이 가장 크다. 그러나 아직 식용곤충 산업이 초기 진입 상태임을 고려하여, 정부는 곤충 산업이 지속 가능하고 안정적으로 성장할 수 있도록 곤충 생산 기반에 대한 정책적 지원을 현재보다 대폭 확대하고 강화할 필요가 있다. 또한 대량 소비처인 축산 식품 가공업계에서도 곤충을 활용한 독특한 음식(unique food) 개발에 참여할 수 있도록 쌀가루 산업 진흥 대책과 같은 정책적 시책을 지속적으로 추진해 봤으면 좋겠다. 대량 소비처 발굴은 식용곤충 산업을 성장시키고

미래 지속성을 확보하는 데 필수적이자 절대적인 요인이기 때문이다

●●● 미래 모습

외국에서 식용곤충 자판기가 등장한 지도 꽤 오래다. 우리나라에서도 곧 스마트 무인 자판기에서 다양한 곤충 간편식을 만나게 될 것이다. 단도직입적으로 미래에는 식용곤충이나 곤충 기반 식품이 가지는 유용한 가치들로 인해 그 산업이 크게 융성할 가능성이 높다. 이러한 관점에 역점을 두고 미래 곤충 식품 산업의 주요 특징과 모습을 나름 예측해 본다.

첫째, 먼저 곤충은 환경 친화적인 식품 자원으로 인식되며, 미래의 곤충 식품 산업은 이러한 친환경적인 특성이 주목을 받을 것이다. 기후 변화와 자원 부족으로 인해 환경 친화적인 식품에 대한 수요가 높아질 것이며, 이러한 관점에서 곤충은 미래 식품 산업에서 중요한 역할을 할 것으로 예상된다. 곤충이 갖는 친환경적인 가치가 곤충 기반의 식품에 반영되어 소비자들로부터 사랑을 받게 될 것이다.

둘째, 곤충은 다양한 영양소를 함유하고 있어 건강한 식품으로 간주된다. 비타민, 미네랄, 식이 섬유 등이 풍부하게 함유되어 있다. 특히 곤충은 고단백 식품으로서 인식되며, 단백질 섭취에 대한 수요가 미래에도 계속해서 증가할 것이며, 이때는 지금보다 식용곤충으로 인정받은 훨씬 더 많은 곤충 종이 그 역할을 담당하고 있을 것이다.

셋째, 미래에는 식문화의 다양화와 소비자들의 개별 취향이 반영된 새

<그림 4-6> 식탁에서 혁명이 시작된다. 식품의약품안전처는 곤충 식품을 식물성 단백질 식품, 세포 배양 식품 등과 함께 무한한 성장 잠재력을 지닌 미래 대체 식품으로 꼽았다(출처: 대한민국 정책브리핑 식품의약품안전처. 2022).

로운 요리 경험을 찾는 트렌드가 확산될 것이다. 소비자들은 이전의 음식 경험을 넘어서 더욱 새롭고 흥미로운 독특한 식품을 찾고자 하며, 이를 충족하기 위해 곤충을 활용한 다양한 요리가 창조될 것으로 예상된다. 이러한 욕구를 충족하기 위해 소비자에게 생소하고 낯선 곤충을 활용한 새로운 요리가 개발될 것이며, 곤충 이미지와 관련한 신제품들도 연이어 출시될 것이다.

넷째, 고령화 사회와 건강에 대한 관심 증가로 곤충 기반 식품은 고령식, 환자식, 특수 용도식 등 다양한 메디 푸드 분야에서 크게 발전할 것으로 예상된다. 더불어 단순한 건강 기능 식품의 개념을 뛰어넘어 혁신적인 의약용 소재로서의 활용이 더욱 확대되어 건강과 의학 분야에서 혁신적인 솔루션을 제공할 것으로 기대된다.

다섯째, 식용곤충은 앞서 얘기한 자판기를 비롯한 온라인 마켓, 슈퍼마켓, 레스토랑 등 다양한 도소매 채널을 통해 소비자에게 제공될 것이다. 편리한 구매 방법과 확장된 다양한 유통 채널을 통해 곤충 식품에 대한 접근성이 더욱 높아져서 그 소비도 늘어날 것이다.

미래의 곤충 식품 산업은 환경, 건강, 식문화 다양성, 메디푸드 등을 고려한 혁신적인 제품과 서비스를 제공함으로써 더 많은 소비자들이 곤충을 섭취하게 될 것으로 기대된다. 이러한 변화와 발전을 예견한 식품의약품안전처에서도 곤충 식품을 성장 잠재력을 가진 미래 대체 식품으로 꼽은 바 있다. 그렇다. 지속 가능한 식용곤충 산업. 이러한 핑크빛 전망이 하루라도 빨리 우리들 곁에 더는 '미래'가 아닌 현실에서 구현되길 학수고대한다.

인용문헌(참고자료)

▶먹는 곤충

1. Aggett, PJ(2010), *Population reference intakes and micronutrient bioavailability: a European perspective*, Am. J. Clin. Nutr, 91 (suppl), 1433S–1437S.

2. Akande, KE. Doma, UD. Agu, H. Adamu, UD(2010), *Major antinutrients found in plant protein sources: their effect on nutrition*, Pak. J. Nutr, 9:827–832.

3. Arnold van Huis, Joost Van Itterbeeck, Harmke Klunde, Esther Mertens, Afton Halloran, Giulia Muir and Paul Vantomme(2013), *Edible insects; Future prospects for food and feed security. food and agriculture organization of the united nations*, Rome.

4. Baek, M. Seo, M. Kim, MA. Yun, EY. and Hwang. JS(2017), *The Antioxidant activities and hair-growth promotion effects of Tenebrio molitor larvae extracts(TMEs)*, J Life Sci, 27(11):1269-1275.

5. Baek, M. Seo, M. Lee, JH. Kim, IW. Kim, MA. and Hwang, JS(2018), *Osteoblast activity of Locusta migratoria ethanol extracts on the MG-63 osteoblastic cell*, J Life Sci, 28:1448-1454.

6. Baek, M. Seo, M. Lee, JH. Lee, HJ. Kim, IW. Kim, SY. Kim, MA . Kim, S. and Hwang. JS(2019), *Inhibitory effects of Locusta migratoria ethanol Extracts on RANKL-induced osteoclast differentiation*, J Life Sci, 29:1104-1110.

7. BBC NEWS 코리아, 기후변화: 끓는 지구, 폭염·폭우 동시에...반복되는 기상이변, 2023. 8. 1.

8. Belluco, S. Losasso, C. Aggioletti, M. Alonzi, CC. Paoletti, MG. Ricci, A(2013), *Edible insects in a food safety and nutritional perspective: a critical review*, Compr. Rev. Food Sci. Food Saf, 12:296–313.

9. Camenzuli, L. van Dam, R. De Rijk, T. Andriessen, R. van Schelt, J. and van Der Fels- Klerx, H(2018), *Tolerance and excretion of the mycotoxins aflatoxin B1, zearalenone, deoxynivalenol, and ochratoxin by alphitobius diaperinus and hermetia illucens from contaminated substrates*,. Toxins, 10:91.

10. Collavo, A. Glew, R.H. Huang, Y.S. et al(2005), *House cricket small-scale farming, in: M.G. Paoletti (Ed.), Ecological implications of minilivestock*, CRC Press, New Hampshire, 519-544.

11. Committee ES(2015), *Risk profile related to production and consumption of insects as food and feed, EFSA J*, 13:4257.

12. De Paepe, E. Wauters, J. van Der Borght, M. Claes, J. Huysman, S. Croubels, S. and Vanhaecke, L(2019), *Ultra-high-performance liquid chromatography coupled to quadrupole orbitrap high-resolution mass spectrometry for multi-residue screening of pesticides, (veterinary) drugs and mycotoxins in edible insects, Food Chemistry*, 293:187–196.

13. Deroy, O. Reade, B. Spence, C(2015), *The insectivore's dilemma, and how to take the West out of it, Food Qual. Prefer*, 44: 44-55.

14. Dicke, M., Ellenberg, J., Salles, J.F., Jensen, A.B., Lecocq, A., Pijlman, G.P., van Loon, J.J.A. & van Oers, M.M(2020), *Edible insects unlikely to contribute to transmission of coronavirus SARS-CoV-2, Journal of Insects as Food and Feed*, 6:333–339.

15. EFSA Scientific Committee(2015), *Scientific opinion on a risk profile related to production and consumption of insects as food and feed, EFSA Journal*, 13:4257.

16. FAO(2021), Looking at edible insects from a food safety perspective. Challenges and opportunities for the sector, Rome, https://doi.org/10.4060/cb4094en

17. Fasolato, L., Cardazzo, B., Carraro, L., Fontana, F., Novelli, E. and Balzan, S(2018), *Edible processed insects from e-commerce: Food safety with a focus on the Bacillus cereus group*, Food Microbiology, 76:296–303.

18. Fernandes, JC. Tavaria, FK. Soares, JC.. Ramos, ÓS.. JoãoMonteiro, M. Pintado, ME. Xavier, MF(2008), *Antimicrobial effects of chitosans and chitooligosaccharides upon Staphylococcus aureus and Escherichia coli in food model systems*, Food Microbiol, 25:922–928.

19. Francis, V. Doyen, F. Debaugnies, G. Mazzucchellic, R. Caparrosa, T. Alabia, C. Bleckerd, E. Haubrugea, F. Corazza(2019), *Limited cross reactivity among arginine kinase allergens from mealworm and cricket edible insects*, Food Chem, 276:714–718.

20. Garofalo, C. Osimani, A. Milanovic, V. Taccari, M. Cardinali, F. Aquilanti, L(2017), *The microbiota of marketed processed edible insects as revealed by high-throughput sequencing*, Food Microbiol, 62:15–22.

21. Houbraken, M., Spranghers, T., De Clercq, P., Cooreman-Algoed, M., Couchement, T., De Clercq, G., Verbeke, S. & Spanoghe, P(2016), *Pesticide contamination of Tenebrio molitor (Coleoptera: Tenebrionidae) for human consumption*, Food Chemistry, pp.264–269.

22. https://blog.naver.com/kfdazzang/222576273154[부처핸접. 곤충을 먹을 수 있다고? 식용곤충의 세계!(식약처x농진청)]

23. Jensen, RL., Newsom, LD., Herzog, DC., Thomas, JW., Farthing, BR. & Martin, FA(1977), *A method of estimating insect defoliation of soybean, Journal of Economic Entomology*, 70(2):240–242.

24. Kim K, Choi J, Kim W, Kim S, Yoon H(2005), Survey of the occurrence of major diseases in resource insects, Korean J Appl Entomol, 160.

25. Kim, DH. Kim, DH. Park, HW Kim. JK Kim, SW. Kim, TW. Lee, BJ. Son, D. and Kim, IS(2020), *Egg quality characteristics of layer chickens reared with Tenebrio molitor Larvae, J Life Sci*, 30(10):860~866.

26. Kim, EJ. Lee, SY. and Kim. AJ(2020), *Meta-analysis on the effect of serum lipids levels in silkworm and silkworm pupae, Journal of the Korea Academia-Industrial cooperation Society*, 21(11):273-282,

27. Kim, HO(2020), *Anti-oxidant and moisturizing effects of oil extracted from Tenebrio molitor Larvae, Asian J Beauty Cosmeto*, 18(3):273-281.

28. Kim, JE. Kim, DI. Koo, HY. Kim, HJ. Kim, SY. Lee, YB. Kim, JS. Kim, HH. Moon, JH. and Choi. YS(2020), *Analysis of nutritional compounds and antioxidant effect of freeze-dried powder of the honey bee (Apis mellifera L.) drone (Pupal stage)*, Korean J. Appl. Entomol, 59(3):265-275.

29. Kim, JE. Kim, DI. Koo, HY. Kim, HJ. Kim, SY. Lee, YB. Moon, JH and Choi. YS(2020), *Pupal drone extracts for anti-wrinkle and skin-lightening materials*, J Life Sci, 30(5):428-433.

30. Kim, SY. Kwak, KW. Kang, K. Oh, YS. Yoon, HJ. Kim, YS. Park, KH. Kim, ES. and Kim, SD(2021), *In vivo toxicity study of freeze-dried skimmed powder of Zophobas atratus Larvae (frpfdZAL)*, a novel food source, J Korean Soc Food Sci Nurt, 50(5):437-444.

31. Kim, YJ. Choi, YW. Kim, TK. Kang, MC. Lee, JH. Cha, JY. Choi, YS(2023), *Effect of microwave drying on the quality characteristics of Zophobas atratus larvae, Korean J Food Cook Sci*, 39(2):93-99.

32. Klunder, HC. Wolkers-Rooijackers, J. Korpela, JM. Nout, MJR(2012), *Microbiological aspects of processing and storage of edible insects*, Food Control, 26:628–631.

33. Kohler, R. Kariuki, R. Lambert, L. 0Biesalski, HK. Protein(2019), *Amino acid and mineral composition of some edible insects from Thailand*, J. Asia Pac. Entomol, 22:372–378.

34. Kooh, P. Ververis, E. Tesson, V. Boue, G. and Federighi, M(2019), *Entomophagy and public health: A review of microbiological hazards*, Health, 1:1272–1290.

35. Kourimska, L. Ada mkova, A(2016), *Nutritional and sensory quality of edible insects*, NFS J, 16:4:22-26.

36. Lange, KW. and Nakamura, Y(2021), *Edible insects as future food: chances and challenges*, Journal of Future Food, 1(1):38–46

37. Lange, KW. and Nakamura, Y(2021), *Edible insects as future food: chances and challenges*, Journal of Future Food, 1(1):38–46.

38. Lee, HJ. Seo, M. Lee, JH. Kim, IW. Kim, SY. Hwang, JS and Kim, MA(2018), *Anti-neuroinflammatory effects of a Locusta migratoria ethanol extract in LPS-stimulated BV-2 microglia*, J Life Sci, 28(11):1332-1338.

39. Leung, PS. Chow, WK. Duffey, S. Kwan, HS. Gershwin, M. Chu, KH(1996), *IgE reactivity against a cross-reactivity allergen in crustacea and mollusca: Evidence for tropomyosin as the common allergen*, J. Allergy Clin. Immunol, 98:954–961.

40. Mpuchane, S., Gashe, B.A., Allotey, J., Siame, B., Teferra, G. and Ditlhogo, M.(2000), *Quality deterioration of phane, the edible caterpillar of an emperor moth Imbrasia belina*, Food control, 11:453–458.

41. Musundire, R. Zvidzai, CJ. Chidewe, C. Samende, BK. Manditsera, FA(2014), *Nutrient and anti-nutrient composition of Henicus whellani (Orthoptera: Stenopelmatidae)*, an edible ground cricket, in south-eastern Zimbabwe, Int. J. Trop. Insect Sci, 34: 223–231.

42. Nowakowski AC, Miller AC, Miller ME, Xiao H, Wu X(2020), *Potential health benefits of edible insects, Crit Rev Food Sci Nutr*, 1-10.

43. Ochiai, M. ezuka, K. Yoshida, H. Akazawa, T. Komiya, Y. Ogasawara, H. Adachi, Y. Nakada M(2022), *Edible insect Locusta migratoria shows intestinal protein digestibility and improves plasma and hepatic lipid metabolism in male rats*, Food Chemistry, 396(1):133701.

44. Osimani, A. Garofalo, C. Milanovic, V. Taccar, M. Cardinali, F. Aquilanti., L. Pasquini, M. Mozzon, M. Raffaelli, N. Ruschioni, S. Riolo, P. and Isidoro, N(2017), Insight into the proximate composition and microbial diversity of edible insects marketed in the European Union, Eur. Food Res. Technol, 243:1157–1171.

45. Osimani, A. Garofalo, C. Milanović, V. Taccari, M. Cardinali, F. Aquilanti, L. Pasquini, M, Mozzon, M., Raffaelli, N. Ruschioni, S. Rioli, P. Isidoro, N. and Clementi, F. Insight into the proximate composition and microbial diversitiy of edible insects marketed in the European Union. European Food Research and Technology. 2017. 243:1157–1171.

46. Osimani, A. Milanovic, V. Cardinali, F. Garofalo, C. Clementi, F. Ruschioni, S. Riolo, P. Isidoro, N. Loreto, N. Galarini, R. Moretti, S. Petruzzelli, A. Micci, E. Tonucci, F. and Aquilanti, L(2018), *Distribution of transferable antibiotic resistance genes in laboratory-reared edible mealworms (Tenebrio molitor L.)*, Frontiers in Microbiology, 9:1-11.

47. Poma, G. Cuykx, M. Amato, E. Calaprice, C. Focant, JF. Covaci, A(2017), *Evaluation of hazardous chemicals in edible insects and insect-based food intended for human consumption*, Food Chem, Toxicol, 100:70–79.

48. Purschke, B. Scheibelberger, R. Axmann, S. Adler, A. Jager, H(2017), *Impact of substrate contamination with mycotoxins, heavy metals and pesticides on the growth performance and composition of black soldier fly larvae (Hermetia illucens) for use in the feed and food value chain*, Food Addit. Contam. Part A, 34:1410–1420.

49. Purschke, B., Bruggen, H., Scheibelberger, R., and Jager, H(2018), *Effect of pre-treatment and drying method on physico-chemical properties and dry fractionation behaviour of mealworm larvae (Tenebrio molitor L.)*, European Food Research and Technology, 244(2):269–280.

50. Samuel Imathiu(2020), *Benefits and food safety concerns associated with consumption of edible insects*, NFS Journal, 18:1–11.

51. Samuel Imathiu(2020), *Benefits and food safety concerns associated with consumption of edible insects*, NFS Journal, 18:1–11.

52. Samuel Imathiu(2020), *Benefits and food safety concerns associated with consumption of edible insects*, NFS Journal, 18:1–11.

53. Schabel H.G(2020), Forest insects as food: a global review. In Durst, PB, Johnson, DV. Leslie, RN. and Shono, K. eds. Edible Forest Insect: Humans Bite Back. Proceedings of a workshop on Asia-Pacific

resources and their potential for development, Bangkok, FAO.

54. Selenius, O. Korpela, J. Salminen, S. Gallego, CG(2018), *Effect of chitin and chitooligosaccharide on in vitro growth of Lactobacillus rhamnosus GG and Escherichia coli TG, Appl. Food Biotechnol*, 5:163–172.

55. Shin YP. Lee, JH. Kim, IW. Seo, MC. Kim, MA. Lee, HJ. Baek, M. Kim, SH. and Hwang, JS(2020), *Anti-inflammatory activity of antimicrobial peptide Zophobacin 1 derived from the Zophobas atratus*, J Life Sci, 30(9):804~812.

56. Skotnicka, M. Karwowska, K. Kłobukowski, F. Borkowska, A and Pieszko, M(2021), *Possibilities of the development of edible insect-based foods in Europe,* Foods, 10:766.

57. Smil, V(2002), *Worldwide transformation of diets, burdens of meat production and opportunities for novel food proteins*, Enzyme Microb. Technol, 30:305-311.

58. Song, JH. Chang, GD. Ji, S. Kim, SY. Kim, W(2020), *Selective breeding and characterization of a black mealworm strain of Tenebrio molitor Linnaeus (Coleoptera: Tenebrionidae)*, Journal of Asia-Pacific Entomology, 25(4):101978.

59. Steer, T. Carpenter, H. Tuohy, K. Gibson, GR(2000), *Perspectives on the role of the human gut microbiota and its modulation by pro-and prebiotics*, Nutr. Res. Rev, 13:229–254.

60. Stull, V. Finer, E. Bergmans, RS. Febvre, HP. Longhurst, C. Manter, DK. Patz, JA. Weir, TL(2018), *Impact of edible cricket consumption on gut microbiota in healthy adults, a double-blind*, randomized crossover trial, Sci. Rep, 8:1–13.

61. Tzompa-Sosa, D A. Yi, L. van Valenberg, HJF. van Boekel, MAJS. and Lakemond, CMM(2014), *Insect lipid profile: Aqueous versus organic solvent-based extraction methods*, Food Research International, 62:1087–1094.

62. van der Fels-Klerx, H.J. Camenzuli, L. Belluco, S. Meijer, N. Ricci, A(2018), *Food safety issues related to uses of insects for feeds and foods*, Compr. Rev. Food Sci. Food Saf, 17:1172–1183.

63. Vandeweyer, D. Crauwels, S. Lievens, B. Van Campenhout, L(2017), *Metagenetic analysis of the bacterial communities of edible insects from diverse production cycles at industrial rearing companies*, Int. J. Food Microbiol, 261:11–18.

64. Vandeweyer, D. Lenaerts, S. Callens, A. and van Campenhout, L(2017), *Effect of blanching followed by refrigerated storage or industrial microwave drying on the microbial load of yellow mealworm larvae (Tenebrio molitor)*, Food Control, 71:311–314.

65. Vandeweyer, D., Lievens, B. and van Campenhout, L(2020), *Identification of bacterial endospores and targeted detection of foodborne viruses in industrially reared insects for food. Nature*, Food, 1:511–516.

66. Vega, F. and Kaya, H(2012), Insect Pathology, London, Academic Press.

67. Villasen or VM, Enriquez-Vara JN, Urıas-Silva JE, Mojica L(2021), *Edible insects: techno-functional properties food and feed applications and biological potential*, Food Rev Int, 1-27.

68. Yifei Kang, Catherine C. Applegate, Fei He, Patricia M. Oba, Miranda D. Vieson, Lorena Sánchez-Sánchez, and Kelly S(2023), *Swanson. Yellow mealworm (Tenebrio molitor) and lesser mealworm (Alphitobius diaperinus) proteins slowed weight gain and improved metabolism of diet-induced obesity mice*, J Nutr, 153(8):2237-2248.

69. 강필돈, 김진원, 정이연, 김기영, 강석우, 김미자, 류강선, 누에 번데기 유래 불포화지방산을 이용한 기능성 효과 시험, 한국잠사학회지, 2006, 48(1):21-24.

70. 건강기능식품 기능성 원료 및 기준·규격 인정에 관한 규정(식품의약품안전처 고시 제2021-66호)

71. 경상남도농업기술원 보도자료, 식용곤충 미백 화장품 소재 제조기술 특허등록, 2021. 6. 1.

72. 곤충산업의 육성 및 지원에 관한 법률(법률 제16116호, 2018. 12. 31.)

73. 곤충의 사육기준(농림축산식품부고시 제2019-67호, 2019. 11. 25.)

74. 국가기록원(ttps://contents.archives.go.kr/next/newsearch/listSubjectDescription.do?id=010283&sitePage=)

75. 국민일보(https://news.kmib.co.kr/article/view.asp?arcid=0924083094&code=11151100&cp=nv)

76. 권무길, 강신우, 임세경, 누에 번데기 기름을 함유한 피부 탄력, 피부 보습 또는 피부 주름 개선용 화장품 조성물 및 그의 제조방법, 특허등록번호 10-2143277, 2020.

77. 권무길, 박신혜, 김민선, 농축 누에 번데기 오일의 주름개선 효과, 한국미용학회지, 2019, 25(6):1264-1270.

78. 근화제약주식회사, 누에번데기 기름을 유효성분으로 함유하는 피부 개선용화 장료 조성물, 특허등록번호 10-0764928, 2007.

79. 기획재정부, 주세법(법률 제19201호, 2023.

80. 김극중, 식용곤충 유래 오일을 이용한 창상치유 촉진제 개발, 이공학개인기초연구지원사업 보고서, 2020.

81. 김미애, 황재삼, 김성현, 배종섭, 정성도, 민가희, 나민균, 이희승, 벼메뚜기로부터 분리된 화합물을 함유하는 항혈전용 조성물, 특허등록번호 10-1811588, 2017.)

82. 김민아, 식용곤충시장과 소비자 보호방안 연구, 한국소비자원보고서, 2017.

83. 김선미, 김세건, 김효영, 우순옥, 최홍민, 문효정, 한상미, 수벌 번데기 추출물에서 알코올분해효소 활성조사, Journal of Apiculture. 2021, 36(3):189-194.

84. 김선영, 황재삼. 윤형주, 김미애, 서민철, 김인우, 이준하, 백민희, 아메리카왕거저리 탈지물을 유효성분으로 포함하는 항산화용 조성물, 특허등록번호 10-2445682, 2022.

85. 김선영. 식용곤충 표준화 연구에 최선을 다하겠습니다. 농촌진흥청 그린메거진, vol. 207, 2022.

86. 김용욱, 갈색거저리 유지 및 그 제조방법, 특허등록번호 10-1858320, 2018.

87. 김은경, 당옥교, 최영진, 범미기, 식용곤충 유래 오일을 유효성분으로 포함하는 아토피 피부염의 예방, 치료 또는 개선용 조성물, 특허등록번호 10-2095265, 2020.

88. 김일석, [이슈PICK+]"몸에 좋은 거 알지만 좀…" 식용곤충, 미래 밥상 오를까, 투데이코리아, 2023. 5. 30.

89. 김일석, 곤충은 가축이다, 경남신문, 2018. 5. 29.

90. 김일석, 나?, 단백질!, 농수축산신문, 2020. 4. 16.

91. 김일석, 면역력 높이는 식약용 곤충 '고소애'를 아시나요?, 농수축산신문, 2020. 4. 7.

92. 김일석, 몸값 하는 녀석, 꽃벵이!, 농수축산신문, 2020. 5. 19.

93. 김일석, 식·약용 곤충, 나는 누굴까요?, 경남일보, 2021. 5. 19.

94. 김일석, 식용곤충은 건강지향 식품이다, 경남일보, 2021. 7. 6.

95. 김일석, 중금속으로부터 안전한가, 농수축산신문, 2021. 10. 12.

96. 농림축산식품부 보도자료, 곤충도 가축입니다, 2019. 7. 25.

97. 농림축산식품부, 곤충의 사육기준(농림축산식품부고시 제2019-67호), 2019. 11. 25.

98. 농촌진흥청 그린메거진, 2022년 11월, 207호.

99. 농촌진흥청 보도자료, '고소애 추출물' 근 감소 억제 효과 확인. 2023. 2. 10.

100. 농촌진흥청 보도자료, '아메리카왕거저리 유충' 새로운 식품원료 인정, 2020. 1. 17.

101. 농촌진흥청 보도자료, 고소애' 먹은 항암 환자, 단백질 섭취율 20% 증가, 2022. 9. 23.

102. 농촌진흥청 보도자료, 불포화지방산 풍부 '검정고소애' 개발, 보급한다, 2023. 8. 28.

103. 농촌진흥청 보도자료, 영양만점 '식용곤충'이 '보약', 2018. 9. 27.

104. 농촌진흥청, 곤충산업. 농업기술길라잡이 195. 발간등록번호141-1390000-003735-01, 2014.

105. 농촌진흥청·식품의약품안전처 보도자료, '수벌 번데기' 새로운 식품원료로 인정, 2020. 7. 9.

106. 농촌진흥청·식품의약품안전처 보도자료, '풀무치' 열 번째 식용곤충 인정, 2021. 9. 13.

107. 대한근감소학회(http://www.sarcopenia.co.kr/greeting.html).

108. 류승필, 벼메뚜기 분말 섭취와 지구성 운동에 의한 에너지 대사 증대 효과. 경북대학교 대학원 석사학위 논문. 2006.

109. 맹진수, 미래식품의 대체기술 동향: 배양육, 인공 계란과 식용곤충을 중심으로. 융합연구리뷰, 2016, 2(4):31.

110. 방혜선, 미래식량·의약소재로 떠오르는 곤충산업. 농촌여성신문. 2019. 12. 20.

111. 배성문, 김종원, 이슬비, 김지혜, 정광희, 황연현, 홍광표, 이상대, 곤충의 효소 가수분해물을 함유하는 피부미백용 조성물, 특허등록번호 10-2265019, 2021.

112. 변의백, 김우식, 한정무, 송하연, 서호성, 김광일, 변의홍, 메뚜기 추출물을 포함하는 경구투여용 조성물, 특허등록번호 1025616830000, 2023.

113. 산림청 보도자료, 2월의 곤충 '장수풍뎅이', 2006. 2. 13.

114. 서민철, 식용곤충 기능성 성분을 연구·개발합니다. 농촌진흥청 그린메거진, vol 207), 2022.

115. 서민철, 왜 '식용곤충'을 주목해야 하는가?, 보건뉴스, 2022. 12. 13.

116. 서종완, 갈색거저리 유충 오일을 유효성분으로 포함하는 피부상태 개선용 조성물갈색거저리 유충 오일을 유효성분으로 포함하는 피부상태 개선용 조성물, 특허등록번호 10-2018156, 2019.

117. 손호용, 아메리카왕거저리 유충 추출물을 유효성분으로 함유하는 당뇨병의 예방 또는 치료용 약학적조성물 및 건강 기능 식품, 특허공개번호 10-2023-0016994, 2023.

118. 손호용, 유충 추출물을 유효성분으로 함유하는 혈전증의 예방 또는 치료용 약학적 조성물 및 건강 기능 식품, 특허공개번호 10-2023-0016992, 2023.

119. 스포츠동아. 해남 메뚜기떼, 수확도 어려울 정도…혐오스럽고 징그럽다, 스포츠동아, 2014.8.31.

120. 식품안전나라(https://www.foodsafetykorea.go.kr/main.do)

121. 식품안전나라(https://www.foodsafetykorea.go.kr/portal/board/board.do?menu_grp)

122. 윤은영, 황재삼, 김민애, 서민철, 갈색거저리 추출물을 함유하는 탈모방지 또는 발모촉진용 조성물, 특허등록번호 10-1780934, 2017.

123. 윤형주, 김미애, 김선영, 김용순, 아메리카왕거저리유충 추출물을 포함하는 비만 예방 또는 치료용 조성물, 특허등록번호 10-2380290, 2022.

124. 윤형주, 서민철, 김미애, 이경용, 김선영, 고현진, 풀무치 추출물을 함유하는 항염증용 조성물, 특허등록번호 10-2182724, 2020.

125. 이예원, 윤요한, 곤충식품의 미생물 안전성에 대한 고찰. 축산식품과학과 산업, 2019, 8(2):69.

126. 이혜영, 건강기능식품 기능성 원료 인정현황 및 제품화 기술지원. 식품산업과 영양, 2020, 25(2):1-8.

127. 정명수, 김종래, 이종철, 김성태, 김안나, 귀뚜라미 및 갈색거저리 유충의 가압증숙 및 효소처리물을 함유하는 탈모예방 또는 발모 촉진 조성물, 특허등록번호 10-2195880, 2020.

128. 정명수, 김종래, 이종철, 김성태, 김철민, 정원영, 식용곤충 유래 초고압 및 효소 처리물과 복합생약 추출물의 발효물을 함유하는 탈모 개선 또는 발모 촉진용 조성물, 특허공개번호 10-2023-0077228, 2023.

129. 정명수, 이종철, 김성태, 이현정, 임철승, 강지희, 서해진, 이정연, 김영옥, 유재식, 김수희, 갈색거저리 식용기름의 제조방법, 특허등록번호 10-1859174, 2018.

130. 정주영, 갈색거저리 유충 기름 추출공정의 최적화와 이화학적 특성. 단국대학교 석사학위논문, 2021.

131. 축산법(법률 제18445호), 2021. 8. 17.

132. 황재삼, 서민철, 김미애, 김인우, 김선영, 이준하, 백민희, 풀무치 추출물을 함유하는 조골세포의 분화 촉진용 조성물, 특허등록번호 10-2185436, 2020.

133. 황재삼, 이준하, 김미애, 김인우, 서민철, 김성현, 신용표, 아메리카왕거저리 유충으로부터 유래된 펩타이드인 조포바신-1 및 이의 용도, 특허등록번호 10-2430003, 2022.

▶약이 되는 곤충

134. Alberola, J., Rodriguez, A., Francino, O., Roura, X., Rivas, L. and Andreu, D(2004), *Safety and efficacy of antimicrobial peptides against naturally acquired leishmaniasis. Antimicrob*. Agents Chemother, 48:641-643.

135. Andreu D, Rivas L(1998), *Animal antimicrobial peptides: An overview*, Biopolymers, 47:415-433.

136. Bruno Lemaitre, Emmanuelle Nicolas, Lydia Michaut, Jean-Marc Reichhart, Jules A Hoffmann(1996), *The dorsoventral regulatory gene cassette spätzle/toll/ cactus controls the potent antifungal response in drosophila adults*, Cell, 88(6):973-983

137. Bukkens SGF(1997), *The nutritional value of edible insects*, Ecol. Food Nutr, 36:287-319.

138. Casteels P, Ampe C, Jacobs F, Vaeck M, Tempst P(1989), *Apidaecins: antibacterial peptides from honeybee*, EMBO J, 8:2387-2391.

139. Casteels P, Ampe C, Riviere L, Van Damme J, Elicone C, Fleming M, Jacobs F, Tempst P(1990), *Isolation and character⊠ization of abaecin, a major antibacterial response peptide in the honeybee (Apis mellifera)*, Eur. J. Biochem, 187:381-386.

140. Cha JY, Kim YS, Ahn HY, Eom KE, Park BK, Jun BS, Cho YS(2009), *Biological activity of fermented silkworm powder*, J Life Sci, 19:1468-1477.

141. Chalekson, C. P. Neumeister, M. W. and Jaynes, J(2003), *Treatment of infected wound with the antimicrobial peptide D2A21*, J Trauma., 54:770-774.

142. Chapman RF(1998), *Insects structure and function, Cambridge University Press*, UK, 4th ed. 770.

143. Cho CH, Cha WS, Kim JS(1989), *Effect of temperature, time and pH on the extraction of protein in a chrysalis of silk worm, Korean J*. Biotechnol. Bioeng, 4:65-68.

144. Chung MY, Kwon EY, Hwang JS, Goo TW, Yun EY(2013), *Pretreatment conditions on the powder of Tenebrio molitor for using as a novel food ingredient*, J. Seric. Entomol. Sci, 51:9-14.

145. Dimarcq JL, Jeppi E, Dunbar G, Lambert J, Reichhart JM, Hoffmann D, Rankin SD(1988), *Characterization of a family of novel inducible antibacterial proteins from immunized larvae of th dipteran Phormia terranovae and complete amino-acid sequence of the predominant member*, diptericin A, Eur. J. Biochem, 171:17-21.

146. Epand RM, Shai Y, Segrest JP, Anantharamaiah GM(1995), *Mechanisms for the modulation of membrane bilayer properties by amphipathic helical peptides*, Biopolymers, 37:319-338.

147. Epand RM, Vogel HJ(1999), *Diversity of antimicrobial peptides and their mechanisms of action*, Biochim, Biophys. Acta, 1462:11-28.

148. Gillespie JP, Kanost MR, Trenczeck T.(1997), *Biological mediators of insect immunity*, Annu. Rev. Entomol, 42:611-643.

149. Hancock RE, Diamond G(2000), *The role of cationic antimicrobial peptides in innate host defenses*, Trends Microbiol, 8:402-410.

150. Hancock RE, Scott MG(2000), *The role of antimicrobial peptides in animal defenses, Proc*. Natl. Acad.

Sci. USA 2000, 97:8856-8861.

151. Hultmark D, Engstrom A, Andersson K, Steiner H, Bennich H, Boman HG(1983), *Insect immunity. Attacins, a family of antibacterial protein from Hyalophora cecropia*, EMBO J, 2:571-576.

152. Kang, JK. Hwang, JW. Nam, HJ, Ahn, KJ. Seok, H. Kim, SK, Yun, EY(2001), Pthoulakis, C. Lamont, JT and Kim, H(2001). *The Insect Peptide Coprisin Prevents Clostridium difficile-mediated acute inflammation and mucosal damage through selective antimicrobial activity*, ANTIMICROBIAL AGENTS AND CHEMOTHERAPY, 55(10):4850-857.

153. Kim IW, Kesavan Markkandan, Lee JH, Sathiyamoorthy Subramaniyam, Yoo S, Park J, Hwang JS(2016), *Transcriptome profiling and in silico analysis of the antimicrobial peptides of the grasshopper oxya chinensis sinuosa*, J. Microbiol. Biotechnol, 26(11):1863–1870.

154. Kim TS, Lee JH, Choi BD, Ryu HS(1987), *Nutritional value of dried paddy grasshopper, Oxya chinensis formosana*, J. Korean Soc. Food Nutr, 16:98-104.

155. Lee E, Kim JK, Shin S, Jeong KW, Lee J, Lee DG, Hwang JS, Kim Y(2011), *Enantiomeric 9-mer peptide analogs of protaetiamycine with bacterial cell selectivities and anti-inflammatory activities*, J Pept Sci, 17:675–682.

156. Lee J, Hong HJ, Kim JK, Hwang JS, Kim Y, Lee DG(2009), *A novel antifungal analog peptide derived from protaetiamycine*, Mol Cells, 28:473–477.

157. Lee JH, Chung H, Shin YP, Kim IW, Natarajan Sathishkumar, Veerappan Karpagam, Seo, M, Park J, Hwang JS(2021), *In silico strategic curation, retrieval and prediction of novel antimicrobial peptide from Locusta migratoria transcriptome, Journal of Asia-Pacific Entomology*, 24(2):237-242.

158. Lee JH, Chung HY, Shin YP, Kim MA, Sathishkumar Natarajan, Karpagam Veerappan, Kim SH, Park J, Hwang JS(2021), *Uncovering antimicrobial peptide from Zophobas atratus using transcriptome analysis, International Journal of Peptide Research and Therapeutics*, 27:1827-1835.

159. Lee JH, Jung, M. Shin, Y. Sathiyamoorthy Subramaniyam, Kim, IW. Seo, M. Kim, MA, Kim, SH, Hwang, J. Choi, EH, Hwang, UW. Hwang, JS(2021). *Draft genome of the edible oriental insect Protaetia brevitarsis seulensis*, Frontiers in Genetics, 11:593994.

160. Lee JH, Kim TS, Choi BD, Kim GE, Lee KH(1987), *Effects of containing pigments of dried grasshopper on the lipid deterioration*, J. Korean Soc. Food Nutr, 16:300-305.

161. Lee JH, Kim TS, Choi BD, Kim KY, Lee KH(1987), *Lipid oxidation and browning during storage of dried grasshopper, J. Korean Soc. Food Nutr*, 16:294-299.

162. Lee JH, Seo M, Lee HJ, Baek M, Kim IW, Kim SY, Kim MA, Kim SH, Hwang JS(2019), *Anti-inflammatory activity of antimicrobial peptide allomyrinasin derived from the dynastid beetle*, allomyrina dichotoma, Journal of Microbiology and Biotechnology, 29(5):687-695.

163. Lee JI, Lee WH, Kim MA, Hwang JS, Na MK, Bae JS(2017), I*nhibition of platelet aggregation and thrombosis by indole alkaloids isolated from the edible insect Protaetia brevitarsis seulensis (Kolbe), Journal of Cellular and Molecular Medicine*, 21(6):1217-1227.

164. Matsuyama K, Natori S(1990), *Mode of action of sapecin, a novel antibacterial protein of Sarcophaga peregrina (flesh fly)*, J Biochem, 108(1):128-132.

165. Okada M, Natori, S(1985), *Primary structure of sarcotoxin I, an antibacterial protein induced in the hemolymph of Sarcophaga peregrina (flesh fly) larvae*, J. Biol. Chem, 260:7174-7177.

166. Oren W, Shai Y(1988), *Mode of action of linear amphipathic alpha-helical antimicrobial peptides, Biopolymers*, 47:451-463.

167. Pemberton RW(1988), *The use of the Thai giant waterbug, Lethocerus indicus (Hemiptera: Belostomatidae)*, as human food in California, The Pan-Pacific Entomologist, 64:81-82.

168. Roh KB, Kim CH, Lee H, Kwon HM, Park JW, Ryu JH, Kurokawa K, Ha NC, Lee WJ, Lemaitre B, Süderhäll K, Lee BL(2009), *Proteolytic cascade for the activation of the insect toll pathway induced by the fungal cell wall component*, J. Biol. Chem, 284(29):19474-19582.

169. Schroder, JM. and Harder, J(2006), *Antimicrobial peptides in skin disease, Drug Discovery Today: Therapeutic Strategies*, 3(1):93-100.

170. Shin S, Kim JK, Lee JY, Jung KW, Hwang JS, Lee J, Lee DG, Kim I, Shin SY, Kim Y(2009), *Design of potent 9-mer antimicrobial peptide analogs of protaetiamycine and investigation of mechanism of antimicrobial action*, J Pept Sci, 15:559–568.

171. Shon MG, Kim MC, Goo WE, Shin HS, Kim HK, Kim JM, Oh JM, Lee SY, Ha JU, Park NK, Lee JK, Choi KH, Ahn JH(2012), *Safety assessment guideline of new food base material*, KFDA, Osong, Korea. pp. 1-58.

172. Tossi A, Sandri L, Giangaspero A(2000), *Amphipathic, alpha-helical antimicrobial peptides*, Biopolymers, 55(1):4-30.

173. Van Huis A, Van Itterbeeck J, Klunder H, Mertens E, Halloran A, Muir G. Vantomme P(2013), Edible insects: future prospects for food and feed security, Food and agriculture Organization of the Unit⊠ed Nations, Rome, Italy. pp. 1-88.

174. Yoo J, Hwang JS, Goo TW, Yun EY(2013), *Comparative analysis of nutritional and harmful components in Korean and Chinese mealworms (Tenebrio molitor)*, J. Korean Soc. Food Sci. Nutr, 42:249-254.

175. Yu TJ, Lee KY, Lee SK(1978), *Studies on the development of cocoon pupas for food materials*, Korean J. Nutr, 11:39-43.

176. Zasloff M(2002), Antimicrobial peptides of multicellular organisms, Nature, 415:389-395.

177. 강필돈, 최영철, 박인균, 홍성진, 황재삼, 이상범, 윤형주, 이영보, 윤은영, 김미애, 김원태, 김성현, 변영웅, 김남정, 박관호, 곤충의 새로운 가치, 농촌진흥청 국립농업과학원, 2012, 76-82.

178. 김덕성, 허진, 유근창, 채수철, 이오선, 이황희, 이종빈, 김종선, Allomyrina Dichotoma Larva 추출물이 췌장 β-세포에서 streptozotocin에 의해 유도된 산화적 손상에 대한 보호효과, 환경독성보건학회지, 2007, 22(4):349-355.

179. 김미애, 미래대체식품, 식용곤충의 다양한 기능성 효능. 식품저장과 가공산업. 2021. 20(2):123-132.

180. 김선영, 박재은, 한지숙, C57BL/Ksj-db/db 제2형 당뇨모델을 이용한 갈색거저리 유충(밀웜) 추출물의 인슐린 감수성 및 혈당개선효과, Journal of Life Science, 2019, 29(5):570-579.

181. 김성현, 손진영, 박준성, 김종원, 강정현, 윤은영, 황재삼, 김형미, 갈색거저리를 이용한 식사 섭취에 따른 영양 섭취 및 영양상태 변화: 수술 후 환자를 대상으로, 대한영양사협회 학술지, 2016, 22(4):292-309.

182. 김시현, 김유경, 한정순, 쌍별귀뚜라미 분말과 분말 단백질 추출물의 영양성분과 항산화 활성. 아시안뷰티화장품학술지, 2020, 18(2):163-172.

183. 김혜옥, 갈색거저리 유충 오일의 항산화 및 보습활성, 아시안뷰티화장품학술지, 2020, 18(3): 273-281.

184. 농촌진흥청, Bio 자원의 미래 신가치 발굴 및 활용 전문가 포럼, 2010, 10.

185. 류희정, 송현지, 이승욱, 장수풍뎅이 유충 단백가수분해물의 제조 및 항산화활성, 한국식품영양과학회지, 2019, 48(4):410-417.

186. 박지연, 김태우, 박동규. 농업전망 2015 한국농촌경제연구원, pp.12-13, 2015.

187. 백민희, 서민철, 김미애, 윤은영, 황재삼, 갈색거저리 유충 추출물의 항산화 활성 및 모발 성장 촉진 효과. Journal of Life Science, 2017, 11P: 1269-1275.

188. 백민희, 서민철, 이준하, 김인우, 김미애, 황재삼, 풀무치 에탄올 추출물이 MG-63 조골세포 분화에 미치는 영향, Journal of Life Science, 2018, 28(12):1448-1454.

189. 백민희, 서민철, 이준하, 이화정, 김인우, 김선영, 김미애, 김성현, 황재삼, RANKL 유도된 파골세포 분화에

대한 풀무치 에탄올 추출물의 분화 억제효과, Journal of Life Science, 2019, 29(10):1104-1110.

190. 서민철, 백민희, 이준하, 이화정, 김인우, 김선영, 황재삼, 김미애, 갈색거저리 유충 오일이 MG-63 조골세포 분화에 미치는 영향, Journal of Life Science, 2019, 29(9):1027-1033.

191. 서민철, 백민희, 이화정, 신용표, 이준하, 김인우, 김미애, 황재삼, 갈색거저리 유충 에탄올 추출물이 RANKL에 의해 유도되는 파골세포 분화에 미치는 영향, Journal of Life Science, 2020, 30(11):983-989.

192. 신용표, 이준하, 김인우, 서민철, 김미애, 이화정, 백민희, 김성현, 황재삼, 아메리카왕거저리 유래 항균 펩타이드 조포바신 1의 항염증활성, Journal of Life Science. 2020, 30(9): 804-812.

193. 심소연, 안희영, 서권일, 조영수, 유용 미생물을 이용한 발효굼벵이 추출물의 이화학적 특성 및 생리활성효과, Journal of Life Science, 2018, 28(7):827-834.

194. 심소연, 장성호, 조영수, 안희영, Saccharomyces cerevisiae M1 (KACC 93023)으로 발효한 갈색 거저리 유충이 비 알코올성 지방간 유발 흰 쥐에 미치는 영향, Journal of Life Science, 2020, 30(5):434-442.

195. 심예진, 김동하, 표수진, 손호용, 정철의, 김도균, 조영은, 갈색거저리 및 동애등에 유충 오일의 급성 알코올성 간독성 및 장내 누수증에 미치는 영향, 한국식품영양과학회지, 2020, 49(11):1175-1183.

196. 영국일간지, 텔레그래프 발표, 바퀴벌레 뇌에 슈퍼박테리아 퇴치 열쇠 있다, 2010. 10. 4.

197. 유재묘, 장재윤, 김현정, 조용훈, 김동인, 권오준, 조영제, 안봉전, 갈색거저리(Tenebrio Molitor)의 항산화능과 Raw 264.7 대식세포의 항염증 효과, 한국식품저장유통학회지, 2016, 23(6):890-898.

198. 이영덕, Lactobacillus brevis를 활용한 흰점박이꽃무지 유충과 산양삼의 발효물에 대한 특성 연구, 한국식품위생안전성학회지, 2018, 33(5):369-374.

199. 이준하, 백민희, 이화정, 김인우, 김선영, 서민철, 김미애, 김성현, 황재삼, 흰점박이꽃무지 유래 항균 펩타이드 프로테티아마이신 2의 항염증활성, Journal of Life Science, 2019, 29(12): 1218-1226.

200. 이지숙, 권오석, 황석연, 윤치영, 4염화 탄소를 이용한 SD-Rats의 진단지표와 사이토카인에 미치는 흰점박이꽃무지의 유충 추출물의 효과들, 대한임상검사과학회, 2011, 43(3):113-119.

201. 이지은, 이안중, 조다은, 조주형, 윤금주, 윤은영, 황재삼, 전미라, 강병헌, 갈색거저리 유충 추출물의 간암세포에 대한 세포독성 효능, 한국식품영양과학회지, 2015, 44(2):200-207.

202. 이지은, 조다은, 이안중, 박혜경, 윤금주, 윤은영, 황재삼, 전미라, 강병헌, 장수풍뎅이 유충의 간보호 효능 및 항암활성, Journal of Life Science, 2015, 25(3):307-316.

203. 이화정, 서민철, 김인우, 이준하, 황재삼, 김미애, 장수풍뎅이 유충 열수 추출물에 의한 항알레르기와 항염증 효과, Journal of Life Science, 2017, 27(10):1130-1136.

204. 이화정, 서민철, 백민희, 신용표, 이준하, 김인우, 황재삼, 김미애, LPS에 의해 활성화된 미세아교세포에서 흰점박이꽃무지 유래 항균 펩타이드 Protaetiamycine 6의 신경염증 억제 효과, Journal of Life Science, 2020, 30(12):1078-1084.

205. 이화정, 서민철, 이준하, 김인우, 김선영, 황재삼, 김미애, LPS로 자극된 미세아교세포에서 풀무치 에탄올 추출물의 신경염증 억제 효능, Journal of Life Science, 2018, 28(11):1332-1338.

206. 이화정, 서민철, 이준하, 김인우, 김선영, 황재삼, 김미애, LPS에 의해 활성화된 미세아교세포에서 흰점박이꽃무지 에탄올 추출물의 신경염증 억제 효과, Journal of Life Science, 2019, 29(10): 1096-1103.

207. 이효선, 류희정, 송현지, 이승욱, 흰점박이꽃무지 유충 단백가수분해물의 제조 및 항산화 활성, 한국식품영양과학회지, 2017, 46(10):1164-1170.

208. 전경희, 정미연, 최수정, 이종욱, 박원학, 조세훈, 이승호, 정시련, 장수풍뎅이(Allomyrina dichotoma) 렉틴의 면역기능 증강효과, 생약학회지, 2001, 32(1):31-38.

209. 전정우, 권해용, 조유영, 여주홍, 이희삼, 사염화탄소에 의해 유발된 흰쥐의 간독성에 미치는 흰점박이꽃무지 추출물의 간보호 효과, 한국잠사곤충학회지, 2012, 50(2):93-100.

210. 정근우, 김장오, 이윤지, 김해숙, 전찬희, 최제경, 주성현, 민병인, 흰점박이꽃무지 유충 추출물이 Co-60 감마선에 조사된 수컷 흰쥐의 혈구 및 전립선에 미치는 방사선 방호효과, 방사선기술과학, 2021, 44(2):117-122.

211. 정근우, 정도영, 김창주, 이지은, 정상현, 김희진, 민병인, 감마선에 조사된 암컷 흰쥐의 생식기관에 대한 흰점박이꽃무지 유충 추출물의 방사선 방호효과, 한국방사선학회 논문지, 2021, 15(2):247-255.

212. 정택영, 유명남, 허희진, 양진우, 정헌상, 이준수, UVB로 손상된 피부 섬유아세포에서 쌍별귀뚜라미 메탄올 추출물의 보호효과, 한국식생활문화학회지, 2020, 35(5):478-482.

213. 조형택, 심규상, 김예나, 장문한, 김태완, 이승환, 이동희, 김준호, 인슐린결핍 당뇨 마우스에서 식용곤충 쌍별귀뚜라미 추출물의 항당뇨 활성, 한국식품영양과학회지, 2019, 48(10):1165-1171.

214. 조혜린, 이유정, 홍지은, 이승욱, 쌍별귀뚜라미 단백가수분해물의 제조 및 항산화 활성, 한국식품과학회지, 2019, 51(5):473-479.

215. 최라영, 함주리, 류효선, 박경욱, 강경윤, 이미경, 탈지 갈색거저리 유충의 발효추출물이 사염화탄소를 투여한 마우스의 간 손상에 미치는 영향, 한국식품영양과학회지, 2019, 48(5):501-508.

216. 최용화, 이기열, 양경미, 정윤미, 서정숙, 장수풍뎅이 유충 추출물이 사염화탄소에 의한 마우스의 간 손상에 미치는 영향, 한국식품영양과학회지, 2006, 35(10):1349-1355.

▶미래 먹거리가 될 곤충

217. Ahuja K & Mamtani K(2019), *Easy availability, high protein and low-fat concentration characteristics to boost product demand*, Global Market Insight, USA.

218. Alves AV, Freitas De Lima F, Granzotti Da Silva T, Oliveira VS, Kassuya CaL, Sanjinez-Argandona EJ(2019), *Safety evaluation of the oils extracted from edible insects (Tenebrio molitor and Pachymerus nucleorum) as novel food for humans*, Regul Toxicol Pharmacol, 102:90-94.

219. Angell AR, Angell SF, Nys R, Paul NA(2016), *Seaweed as a protein sources for mono-gastric livestock*, Trends in Food Science and Technology, 54:74-84.

220. Azzollini D, Derossi A, Fogliano V, Lakemond CMM, Severini C(2018), *Effects of formulation and process conditions on microstructure, texture and digestibility of extruded insect-riched snacks*, Innovative Food Science & Emerging Technologies, 45:344-353.

221. Baek SH, Joung O, Lee HY, Shin JC, Choi WS, Lee TH, Hwang JS, Nam SH, Son HU, Lee SH(2018), *Anti-oxidative fraction of Lycorma delicatula alleviates inflammatory indicators*, Natural Product Communications, 13:1934578X1801300413.

222. Brigode C, Hobbi P, Jafari H, Verwilghen F, Baeten E, Shavandi A(2020), *Isolation and physicochemical properties of chitin polymer from insect farm side stream as a new source of renewable biopolymer*, Journal of Cleaner Production, 275:122924.

223. Cho HD, Min HJ, Won YS, Ahn HY, Cho YS, Seo KI(2019), *Solid state fermentation process with Aspergillus kawachii enhances the cancer-suppressive potential of silkworm larva in hepatocellular carcinoma cells*, BMC Complementary and Alternative Medicine, 19:1-15.

224. Choi YS, Kim TK, Choi HD, Park JD, Sung JM, Jeon KH, Paik HD, Kim YB(2017), *Optimization of replacing pork meat with yellow worm (Tenebrio molitor L.) for frankfurters*, Korean Journal of Food Science for Animal Resoures, 37:617-625.

225. Cuj-Laines R, Hernández-Santos B, Reyes-Jaquez D, Delgado-Licon E, Juárez-Barrientos JM, Rodríguez-Miranda J(2018), *Physicochemical properties of ready-to-eat extruded nixtamalized maize-based snacks enriched with grasshopper*, International Journal of Food Science & Technology, 53:1889-1895.

226. Dai CH, Ma HL, Luo L, Yin XL(2013), *Angiotensin I-converting enzyme (ACE) inhibitory peptide derived from Tenebrio molitor (L.) larva protein hydrolysate*, European Food Research and Technology, 236:681-689.

227. De Oliveira LM, Da Silva Lucas AJ, Cadaval CL, Mellado MS(2017), *Bread enriched with flour from cinereous cockroach (Nauphoeta cinerea)*, Innovative Food Science & Emerging Technologies, 44:30-35.

228. Duda A, Adamczak J, Chelminska P, Juszkiewicz J, Kowalczewski P(2019), *Quality and nutritional/textural properties of durum wheat pasta enriched with cricket powder*, Foods, 8:46.

229. Fombong FT, Van Der Borght M, Vanden Broeck J(2017), *Influence of freeze-drying and oven-drying post blanching on the nutrient composition of the edible insect ruspolia differens*, Insects, 8:102.

230. Globla market insight. Easy availability, high protein and low-fat concentration characteristics to boost product demand. https://www.gminsights.com/industry-analysis/edible-insects-market.

231. Jang WJ(2020), *A study on current status and prospects of global food-tech industry*, Journal of the Korea Convergence Society, 11(4):247-254.

232. Kim SH(2017), *Status and prospect of edible insect industy*, Global Agri-Food Industry Trend, 207:43-66.

233. Kim TK, Cha JY, Yong HI, Jang HW, Jung S, Choi YS(2022a), *Application of edible insects as novel protein sources and strategies for improving their processing*, Food Science of Animal Resources, 42:372-388.

234. Kim TK, Lee MH, Cha JY, Kim J, Kang MC, Yong HI, Jung S, Choi YS(2022b). *Use of edible insects in thermal-induced protein gels containing porcine myofibrillar protein*, Journal of Insects as Food and Feed, 8:803-811.

235. Kim TK, Yong HI, Chun HH, Lee MA, Kim YB, Choi YS(2020), *Changes of amino acid composition and protein technical functionality of edible insects by extracting steps*, J Asia-Pacific Entomology, 23:298-305.

236. Kim TK, Yong HI, Jeon KH, Kim YB, Jung S, Kim HW, Choi YS(2020), *Analysis of technology trends of market creation and forecasts for edible insect*, The Korean Society for Food Science of Animal Resources, 9(1):44-57.

237. Kim TK, Yong HI, Kim YB, Kim HW, Choi YS(2019), *Edible insects as a protein source: A review of public perception, processing technology, and research trends*, Food Sci Anim Resour, 39:521-540.

238. Kim YJ, Kim TK, Cha JY, Kang MC, Park MK, Lim MC, Lee JH, Kim BK, Choi YS(2022c), *Consumer awareness survey analysis of alternative protein: cultured meat and edible insect*, Food and Life, 3:89-95.

239. Lee J, Bang K, Hwang S, Cho S(2016), *cDNA cloning and molecular characterization of a defensin-like antimicrobial peptide from larvae of Protaetia brevitarsis seulensis (Kolbe)*, Molecular Biology Reports, 43:371-379.

240. Lee J, Seo M, Lee HJ, Baek M, Kim IW, Kim SY, Kim MA, Kim SH, Hwang JS(2019), *Anti-inflammatory activity of antimicrobial peptide Allomyrinasin derived from the dynastid beetle*, Allomyrina dichotoma, Journal of Microbiology and Biotechnology, 29: 87-695.

241. Lee JH, Kim TK, Jeong CH, Yong HI, Cha JY, Kim BK, Choi YS(2021), *Biological activity and processing technologies of edible insects: A review*, Food Science and Biotechnology, 30:1003-1023.

242. Li H, Inoue A, Taniguchi S, Yukutake T, Suyama K, Nose T, Maeda I(2017), Multifunctional biological activities of water extract of housefly larvae (Musca domestica), PharmaNutrition, 5:119-126.

243. Liu Y, Wan S, Liu J, Zou Y, Liao S(2017), *Antioxidant activity and stability study of peptides from enzymatically hydrolyzed male silkmoth*, Journal of Food Processing and Preservation, 41:e13081.

244. Melgar-Lalanne G, Hernández-Avarez AJ, Salinas-Castro A(2019), *Edible insects processing: Traditional and innovative technologies*. Comprehensive Reviews in Food Science and Food Safety, 18:1166-1191.

245. Osimani A, Milanovic V, Cardinali F, Roncolini A, Garofalo C, Clementi F, Pasquini M, Mozzon M, Foligni R, Raffaelli N, Zamporlini F, Aquilanti L(2018), *Bread enriched with cricket powder (Acheta domesticus): A technological, microbiological and nutritional evaluation*, Innovative Food Science &

Emerging Technologies, 48:150-163.

246. Park MS, Lee YS, Kim KP, Park SH, Han JH(2019), *Actual Conditions of the food industry's application of food tech and its tasks-focusing on alternative livestock products and 3D food printing*, KREI Repository, 10(1):1-217.

247. Park MS, Park SH, Lee YS(2020a), Current status of alternative food and countermeasures, KREI Agri-Policy Focus, 7(1):1-17.

248. Park SA, Lee GH, Lee HY, Hoang TH, Chae HJ(2020b), *Glucose-lowering effect of Gryllus bimaculatus powder on streptozotocin-induced diabetes through the AKT/mTOR pathway*, Food Science & Nutrition, 8(1):402-409.

249. Purschke B, Meinlschmidt P, Horn C, Rieder O, Jäger H(2018), *Improvement of techno-functional properties of edible insect protein from migratory locust by enzymatic hydrolysis*, European Food Research and Technology, 244:999-1013.

250. Raheem D, Carrascosa C, Oluwole OB, Nieuwland M, Saraiva A, Millan R, Raposo A(2019), *Traditional consumption of and rearing edible insects in africa, asia and europe*, Critical Reviews in Food Science and Nutrition, 59:2169-2188.

251. Roncolini A, Milanović V, Cardinali F, Osimani A, Garofalo C, Sabbatini R, Clementi F, Pasquini M, Mozzon M, Foligni R(2019), *Protein fortification with mealworm (Tenebrio molitor L.) powder: Effect on textural, microbiological, nutritional and sensory features of bread*, PloS One, 14: e0211747.

252. Rumpold BA, Schlüter OK(2013), Nutritional composition and safety aspects of edible insects, Molecular Nutrition & Food Research, 57:802-823.

253. Seo JJ(2016), Evolution and Development of Food Tech. KB Financial Group Research Institute.

254. Seo M, Goo TW, Chung MY, Baek M, Hwang JS, Kim M, Yun EY(2017), *Tenebrio molitor larvae inhibit adipogenesis through AMPK and MAPKs signaling in 3T3-L1 adipocytes and obesity in high-fat diet-induced obese mice*, International Journal of Molecular Sciences, 18:518.

255. Srivastava SK, Babu N, Pandey H(2009), *Traditional insect bioprospecting-as human food and medicine*, Indian Journal of Traditional Knowledge, 8:485-494.

256. van Huis A, van Itterbeeck J, Klunder H, Mertens E, Halloran A, Muir G, Vantomme P(2013), *Edible insects: Future prospects for food and feed security*, Food and Agriculture Organization of the United Nations (FAO), Rome, Italy.

257. van Huis A, van Itterbeeck J, Klunder H, Mertens E, Halloran A, Muir G, Vantomme P.(2013), *Edible insects: Future prospects for food and feed security*, Food and Agriculture Organization of the United Nations.

258. van Huis A(2015), *Edible insects contributing to food security?* Agric Food Secur, 4:20.

259. Wang W, Wang N, Zhou Y, Zhang Y, Xu L, Xu J, Feng F, He G(2011), *Isolation of a novel peptide from silkworm pupae protein components and interaction characteristics to angiotensin I-converting enzyme*, European Food Research and Technology, 232:29-38.

260. Wu QY, Jia JQ, Tan GX, Xu JL, Gui ZZ(2011), *Physicochemical properties of silkworm larvae protein isolate and gastrointestinal hydrolysate bioactivities*, African Journal of Biotechnology, 10:6145-6153.

261. Yong HI, Kim TK, Kang MC, Lee MH, Kim MR, Cha JY, Choi YS(2021), *Study on future food tech analysis using alternative proteins*, Korean Journal of Food and Cookery Science, 37:416-428.

262. Yun SY, Jo HJ, Lee KB(2021), *Substitute meat (代替肉)*. KISTEP Technology Trend Brief, 1:1-33.

263. 김보경, 대체 단백질 식품 트렌드와 시사점 : 푸드테크가 여는 새로운 미래, 한국무역협회, 16, 2021.

264. 김수희, 식용곤충산업의 현황과 전망, 세계농업 제207호, 2013.

265. 박미성, 박시현, 이용선, 대체식품 현황과 대응과제, 한국농촌경제연구원, 2020, 190:1-17.

266. 유대유, 왕서민, 이전충, 관수광, 서염, 김건상, 중국 약용곤충자원의 이용개발 및 보호. 생물학전문연구정보센터BioWave, 2003, 5:1-5.

267 이은영, 오선주, 강서은, 최형원, 푸드테크의 시대가 온다 1부, Robots in Food Tech. 삼일PwC. Paradigm Shift Vol.3, 2022.

268. 주재창, 일본의 곤충산업 현황과 시사점, 세계농업, 2017, 208: 63-80.

269. 최영철, 중국 곤충산업 동향, 세계농업, 2013, 159:129-147.

▶음식이 된 곤충

270. Arnold van Huis, Joost Van Itterbeeck, Harmke Klunde, Esther Mertens, Afton Halloran, Giulia Muir and Paul Vantomme(2013), *Edible insects; Future prospects for food and feed security*, Food and Agriculture Organization of the United Nations Rome.

271. 농촌진흥청 보도자료, 고소애 간편하게 먹고 암환자 영양·면역력 쑥, 2019. 7. 18.

272. 농촌진흥청 보도자료, 꽃벵이에서(흰점박이꽃무지 애벌레) 항혈전 치료제 소재 찾아냈다, 2017. 1. 19.

273. 농촌친흥청 국립농업과학원. 곤충산업 어디까지 알고 있니?ISBN: 978-89-480-4644-193520, 2017.

274. 대한민국정책브리핑(https://www.todaykorea.co.kr/news/articleView.html?idxno=308502)

275. 박은선, 최미경, 한국 일부 성인의 식용곤충에 대한 인식, 구매 및 섭취 실태, J Nutr Health. Apr, 2020, 53(2):190-202.

276. 경남곤충산학연협력단·경상남도농업기술원, 식용곤충을 이용한 영양만점 건강요리 24, 2018.

277. 투데이코리아(https://www.korea.kr/news/policyNewsView.do?newsId=148902700)

278. 식품의약품안전처, 식탁에서 '혁명'이 시작된다, 2022.

남기는 말

[식]

유충(幼蟲)은 알에서 나온 후 아직 다 자라나지 않은 벌레로서 '애벌레'(larva)라고도 한다. 반면에 이미 완전히 자라고 발달한 곤충은 성충(成蟲)인데 이를테면 '어른벌레'다. 번데기(蛹)는 완전변태를 하는 곤충이 유충에서 성충으로의 탈바꿈을 준비하기 위한 중간 단계로 이 번데기 상태는 애벌레의 몸에서 어른벌레의 몸이 되어 가는 청소년기 같은 시기이다. 대한민국 정부에서 인정한 "식용곤충"은 유충–번데기–성충을 모두 포함하고 있다. 이처럼 식용곤충은 자기들의 온몸을 바쳐 인류를 지원하고 있다. 모르긴 몰라도, 살신성인(殺身成仁)의 모습이 저러하지 않을까.

저자는 인류를 위해 희생된 가축의 혼을 달래는 '축혼제(畜魂祭)'를 지내면서 가축들의 희생이 헛되지 않도록 더욱 교육과 연구와 봉사에 매진하겠다고 다짐하곤 했었다. 식용곤충은 법에 따라 '가축(家畜)'으로 지정된 것도 그렇지 않은 종도 있지만 어쨌든 이들의 넋도 이제 축혼제를 거행하는 이날에 함께 위로하면 더 뜻이 깊을 것 같다. 이러한 생각을 하게 된 것은 책을 쓰면서 우리에게 무한 혜택을 베푸는 곤충에 대한 감사한 마음을 가지게 된 탓이다.

[용]

벌레와 곤충의 차이점을 얘기하고자 하는 것은 아니다. 다른 얘기를 하고 싶어서 이들의 정의를 먼저 언급한다. “곤충(insect)”은 벌레 곤(昆) 자에 벌레 충(蟲) 자를 쓰는데 곤충강(insecta)에 속한 동물들을 통틀어 이르는 말이다. 대체로 몸에 마디가 많고 머리, 가슴, 배와 세 쌍의 발, 두 쌍의 날개를 가지고 있으며, 개미, 메뚜기, 벌, 파리 따위가 있다. “벌레(bug)”의 사전적 정의는 두 가지다. 첫째는 여러 무척추동물을 통틀어 이르는 말이고, 둘째는 어떤 일에만 몰두하거나 열심인 사람을 비유적으로 이르는 말이다. 첫째 정의의 유의어로는 버러지, 충(蟲)이 있다. ‘벌거지’는 벌레의 비표준어다. 두 번째 정의와 관련하여 벌레들은 우리들 일상사에서 무언가와 종종 빗대어 표현되곤 한다. 예를 들어, 책을 아주 많이 읽는 사람을 ‘책벌레(bookworm)’라고 부르며, 공부에만 몰두하는 사람을 비웃기 위해 ‘공부벌레’라고 표현한다. 또한 돈을 과도하게 중시하는 사람을 ‘돈벌레’라고 칭하곤 하는데 이처럼 얕잡아 볼 때도 벌레가 쓰인다. 이러한 벌레를 빙자한 비유적인 표현은 특정 특성이나 행동을 강조하거나 놀림의 수단으로 사용되며, 각각의 상황과 사용자의 의도에 따라 긍정적이거나 부정적인 의미로 해석될 수도 있다.

벌레나 곤충의 생태적 차이점은 별도로 하고 두 단어에서 풍기는 어감은 차이가 있다. 개인적으로는 곤충이 벌레보다 더 호감이 간다. 외국은 insect(곤충)보다는 bug(벌레)를 라는 단어를 선호하는 듯하다. 어쨌든 ‘곤충’이라는 단어가 포함된 “식용곤충”에 대해서도 많은 이들이 지나칠 정도로 부정적으로 대하는 경향이 있다. 국내 소비자들을 대상으로 한 식용곤충에 대한 설문 조사 결과를 굳이 인용하지 않더라도 거부감이 상당한 것만은 부인할 수 없는 현실이다. 안타깝다. 이 녀석들은 영양 가득한 식품으로서 그리고 면역력 향상과 피부 미백, 심지어 모발 성장 등등 인간의 건강과 삶에 많은 도움을 준다. 그뿐이랴. 농민에게는 새로운 소득원으로, 윤리 지향적 소비를 추구하는 소비자에게는 가치 소비의 기회를 제공한다. 또한 국가 차원에서도 신성장동력 산업으로 육성하고 있는 만큼 그 가치에 걸맞는 합당한 대우를 받아야 하는데 현실은 그러지 못해서 아쉽다. "식용곤충"에 관심을 갖고 있는 필자로서는 직무 태만 내지는 직무 유기한 그런 기분이랄까 어쨌든 살짝 미안한 마음이다.

자, 희망하건대 행여라도 이 책을 읽은 독자라면 유충이든 성충이든 번데기이든 "식용곤충"을 더는 징그럽고 더럽고 불쾌해 보인다는 등등의 이유로 피하고 싶은 혐오의 대상으로 여기지 말아 주시고, 그 대신 『미래식량 곤충을 먹다』를 통하여 진가를 이미 확인한 얘네들을 듬뿍 사랑해 주시고, 널리 애용해 주시옵길 간곡히 부탁드린다.

[곤]

'일할 때는 굼벵이요, 먹을 때는 돼지다'라는 표현에서 보듯 굼벵이는 예로부터 무능과 나태, 그리고 느림의 상징이었다. 태생학적으로 얘네들의 다리는 작고 앞쪽에 있어 이동이 적합하지 않아 움직일 때는 뒤집어져서 등을 이용하여 기어다닌다. 웃자고 하는 소리지만, 실은 굼벵이는 뒹굴지 않기 때문에 '굼벵이도 등으로 기는 재주가 있다'가 더

적확한 표현이다. 이왕 나온 김에 지적질 하나 더. '굼뱅이'로 쓰는 경우가 있으나, 표준어는 '굼벵이'이다. 하여, 그 애칭도 꽃'벵'이로 적어야 한다. 이런, 오지랖을 봤나. 어쨌든 먹이통을 뒤집어 보면 실제로 굼벵이의 동작은 놀랍도록 날래다. 굼뜨다는 이미지의 굼벵이와는 거리가 상당히 멀다. 굼뜬 굼벵이, No! No!!

우리들이 자주 사용하는 또 다른 속담에서도 예의 굼벵이가 등장한다. "굼벵이도 구르는 재주가 있다!" 이는 아무리 무능한 '사람'도 한 가지 재주는 있음을 비유적으로 표현한 것이다. 사람? 하긴 뭐 그건 인간사의 문제이니 여기서 더는 논할 바는 아니다. 여하간에 교훈적 속담이 거짓말할 리는 만무하니까 글에 적혀 있는 그대로 굼벵이는 확실히 구르는 재주는 갖고 있다. 이미 책에서 소개해 드린 대로 굼벵이는 우리들이 이용할 만한 숨겨진 놀라운 재능을 지니고 있기에 '재주꾼-재간둥이'라 불러도 좋다. 과학적으로 검증된 그들이 가진 재능만 해도 한둘이 아니기 때문이다. 열거하자면, 대사성 질환(비만 예방 및 치료, 혈액 순환 개선, 항혈전), 간 질환(간 보호, 간 기능 개선, 숙취 해소), 노화(항산화, 건강 보조 식품), 면역력(항염증), 피부 질환(여드름균 개선 효과, 멜라닌 생성 억제 효과), 암 질환(암 예방), 골다공증 완화... 한마디로, 대단허이!!

한편 "번데기 앞에서 주름잡지 마라"라는 말도 있는데 이것에 대한 진위는 이미 『미래식량 곤충을 먹다』를 통해 과학적으로 입증된 사실임을 확인해 드렸다. 그러함에도 정 궁금하시다면, "번데기 앞에서 주름 잡지 마라, 번데기의 힘!" 편에 실린 '피부 미백과 주름 개선까지-바로, 수벌 번데기 그리고 피부 개선 등에도 효능을 인정받은-식용누에 유충 번데기'를 다시 읽어 보시라. 번데기는 확실히 주름을 펴 준다! 그렇다. 번데기 앞에서 주름잡는다는 것은 자기보다 뛰어난 재능을 가진 사람 앞에서 잘난 체하지 말고 나대지 말라는 뜻인데, 사실 식용곤충인 수벌 번데기와 누에 유충 번데기는 뻔한 '뻔'데기가 아니라 속이 꽉 찬 대단한 녀석임이 틀림없다. 그러할지니 부디 번데기 앞에서 함부로 주름 잡지는 마시고, 그 녀석이 지닌 독특한 기능과 가치를 마구마구 칭송하면서 사랑해 주시옵길.

어찌 보면 모양새도 형편없고 보잘것없어 보이는 "굼벵이"와 "번데기"를 빗댄 속담 두 개를 이리도 지루하다 할 만큼 언급한 것에는 다른 숨은 이유가 있다. 벌써 눈치채셨겠지만, 이들 속담을 통해서라도 그들이 가진 놀라운 가치와 잠재적 가능성을 어떻게든 독자들에게 더 알려드리고 싶어서다. 이 책의 부제를 '곤충은 미래 식량 자원이자 의·약용 소재의 보고(寶庫)'라고 쓸까 한 것도 실은 같은 이유다. 식용곤충이라는 그 보물창고에서 앞으로 어떤 가치 있는 금은보화가 더 쏟아져 나올지 설레고 기대된다. 그럴지니 여러분들께서도 앞으로는 굼벵이나 번데기를 대할 때 인상부터 찌푸리지 마시고 그들의 놀라운 가치와 잠재 능력을 더 많이 알아주시고 애용해 주십사, 그리 재삼 부탁드린다. 그리해 주실 것으로 믿어도 좋겠죠?

[충]

『미래식량 곤충을 먹다』를 마치면서 저자들은 식용곤충이 얼마나 대단한 존재인지와 그 중요성을 새삼 깨닫게 되었습니다. 식용곤충은 환경친화적이며, 영양적으로 우수한 건강기능식품으로서, 더 나아가서는 대체 단백질 자원과 식·의약용 소재화 등으로 그 쓰임새 크게 확대되고 있습니다. 앞으로 식용곤충은 우리의 식량과 건강, 그리고 환경 측면에서 더 큰 역할을 하게 될 것이 분명합니다. 떠오르는 별, 라이징 스타(rising star)이니까요. 그러나 그들의 잠재적 가치를 완전히 이해하고 지금 소비자들이 갖는 거부감을 해소하기 위해서는 아직도 해결해야 할 많은 과제들이 남아 있습니다. 이 책이 턱없이 부족하지만, 이러한 문제에 대한 인식을 높이고, 지속 가능한 대한민국 식용곤충 산업의 성장 전략을 모색하는 작은 디딤돌이 되기를 희망해 봅니다.

저자들은 이 책에 수록된 내용은 그간 산·학·관·연에서의 노력과 연구 결과물에 의해 제공되었음을 알기에 책의 서문 "저자의 말"에서도 밝혔습니다만, 다시 한번 모든 곤충 관계자 여러분들의 헌신적 노력에 감사를 드립니다. 특별히 불모지나 다름없던 식용곤충산업의 기틀을 다지기 위해 힘을 쏟는 정부와 농촌진흥청 곤충 연구자들께도 감사의 말씀을 전합니다. 또한 식용곤충에 관심을 가지고 읽어 주신 독자 여러분께도 감사드립니다.

저자들이 의기투합하여 함께 쓴 『미래식량 곤충을 먹다』는 작은 시작에 불과합니다. 이 이야기의 여정은 식용곤충에 열정을 가진 누군가에 의해 제2, 제3의 이야기로 이어질 것임을 확신합니다. 이 책은 식용곤충에 대한 인식을 높이고, 다양한 분야에서의 연구와 결과를 소개함과 동시에 발전 방안을 함께 고민하는 첫걸음에 불과함을 알기 때문입니다. 앞으로도 이 책을 계기로 식용곤충과 관련한 지식과 관심을 서로 공유하면서 대한민국 식용곤충 산업의 혁신적 미래를 향해 기꺼이 함께 동참해 주시길 기대합니다. 감사합니다.

2024년 여름

3인의 필진을 대표하여, 김일석

미래식량, 곤충을 먹다

2024년 10월 17일 초판 1쇄 발행

지은이 김일석, 최윤상, 황재삼
펴낸이 권진회
부장 김경민
행정 김성중
편집 이가람
디자인 이희은

펴낸곳 경상국립대학교출판부 | 출판등록 1989년 1월 7일 제16호
주소 경남 진주시 진주대로 501
전화번호 055) 772-0801(편집), 0802(디자인), 0803(도서 주문)
팩스 055) 772-0809
전자우편 gspress@gnu.ac.kr
홈페이지 http://gspress.gnu.ac.kr
페이스북 https://www.facebook.com/gnupub
블로그 https://blog.naver.com/gnupress12
인스타그램 @gnupress

책값은 뒤표지에 있습니다.